本书受到国家自然科学基金项目(51909087，52078211)资助出版

# 考虑参数共线性的岩质(溶)边坡可靠度分析及其工程应用

黄小城　周小平　何昌杰　陈秋南　李建新◎著

湖南科学技术出版社

图书在版编目（CIP）数据

考虑参数共线性的岩质（溶）边坡可靠度分析及其工程应用 / 黄小城等著. — 长沙 : 湖南科学技术出版社, 2021.5

ISBN 978-7-5710-0944-1

Ⅰ. ①考… Ⅱ. ①黄… Ⅲ. ①岩石－边坡稳定性－稳定分析 Ⅳ. ①TU457

中国版本图书馆 CIP 数据核字(2021)第 069628 号

KAOLü CANSHU GONGXIANXING DE YANZHI (RONG) BIANPO KEKAODU FENXI JIQI GONGCHENG YINGYONG

考虑参数共线性的岩质（溶）边坡可靠度分析及其工程应用

著　　者：黄小城　周小平　何昌杰　陈秋南　李建新

出 版 人：潘晓山

责任编辑：汤伟武

出版发行：湖南科学技术出版社

社　　址：长沙市芙蓉中路一段 416 号泊富国际金融中心

网　　址：http://www.hnstp.com

湖南科学技术出版社天猫旗舰店网址：

http://hnkjcbs.tmall.com

邮购联系：0731-84375808

印　　刷：长沙市宏发印刷有限公司

（印装质量问题请直接与本厂联系）

厂　　址：长沙市开福区捞刀河大星村 343 号

邮　　编：410153

版　　次：2021 年 5 月第 1 版

印　　次：2021 年 5 月第 1 次印刷

开　　本：787mm×1092mm　1/16

印　　张：10.5

字　　数：228 千字

书　　号：ISBN 978-7-5710-0944-1

定　　价：78.00 元

# 前 言

我国是一个多山国家，边坡稳定性分析一直备受关注；同时20世纪采矿遗留的废弃矿坑，对其修复时，其稳定性同样需要引起重视。由于岩石(体)结构的赋存状态、赋存环境的复杂性和多变性致使岩质边坡存在着大量不确定性，如：力学参数的不确定性，荷载的不确定性和含有潜伏溶洞的不确定性等因素。实际工程中，较高的安全系数设计后边坡仍然发生失稳，这说明采用单一的安全系数法来研究边坡稳定性不够严谨。将力学参数以均值和标准差的形式来分析边坡稳定性并最终以失效概率来判断边坡稳定性，即可靠度方法，是近几十年来分析边坡安全问题的一种较为严谨和精确的研究方法。本文在已有研究所存在问题基础上，改进并提出了一些新的可靠度研究方法，并将新方法应用于对评价不同破坏模式的边坡稳定性，主要研究内容及成果概括为以下几个方面：

1. 构建了基于SOED的非共线性响应面法来研究带张裂缝的边坡可靠度

通过改变实验设计的轴点长度，构建了SOED设计矩阵，给出了不同随机变量情况下轴点长度$\chi$的计算公式；提出构建后正交矩阵与响应面法思想结合，得到了基于SOED的非线性响应面法。与传统响应面法相比，基于SOED的非线性响应面法拟合的回归多项式方程更为精确，且高阶项之间不存在共线性。最后用该方法分析考虑多个随机变量情况下的边坡可靠度。

2. 发展了基于均匀设计和LASSO回归的响应面法分析旋转剪切边坡可靠度

一方面，为解决传统响应面法样本点布置没有精确指导理论的问题，提出基于均匀设计来为响应面法样本点选取提供有效依据；另一方面，当随机变量存在共线性的问题，很难获取精确的回归系数，进而影响可靠度的计算精确性，提出了LASSO回归方法。采用算例分析发现，LASSO回归对于自变量之间存在共线性的情况下也可得到精确回归系数和回归模型；基于均匀设计和LASSO回归的响应面法分析旋转剪切滑坡稳定性，同时采用三维严格极限平衡来获取输出响应值，使得边坡稳定性分析更为严谨可靠。

3. 推导了平面剪切滑坡情况下边坡安全系数和失效概率的关系式

二维情况下，国内外仍没有确切的边坡安全系数和失效概率的函数表达式。基于二维随机场理论推导了在单个及多个随机变量情况下的边坡安全系数和失效概率关系表达式，采用平均值、方差、马尔科夫相关函数对边坡的随机变量共线性进行了表征，并研究了黏聚力和内摩擦角系数随相关长度变化时边坡的失效概率变化规律。

4. 提出了数据不完备情况下的多滑块边坡系统可靠度分析

实际工程的概率信息往往不完备，特别是存在多个潜在滑裂面的岩质边坡。根据边坡的功能函数，采用契比雪夫不等式对其失效概率上限进行推导，同时为克服推导的上限值无法很好获取的缺点，采取均匀设计响应面法获取的回归函数来确定安全系数的均值和标准差。为验证计算结果，采用Bootstrap方法来实现"小样本"发展至"大样本"，然后基于赤池信息量来判据的最佳分布类型，进一步依据概率密度函数求解的系统失效概率与推导上限进行对比。最后，采用契比雪夫不等式估算了数据不完备情况下的多滑面旋转剪切滑坡系统可靠度。

5. 基于可靠度理论对实际工程边坡进行了补充设计及可靠度分析

采用可靠度设计方法对石黔高速马武停车区边坡及长沙冰雪世界岩溶边坡的失效概率进行了计算，提出从实验数据、参数取值多方面来量化不确定性并降低滑坡风险。推导了多阶梯边坡的最可能破坏倾角，确定了潜在最可能滑裂面；采用RBD对阶梯形边坡进行可靠度补充设计；对不同开挖工况下的边坡进行了宏观分析和区域分析，并对边坡前缘稳定性进行了评价。根据现场调研，将边坡变形区分为：弱变形区、强变形Ⅰ区和强变形Ⅱ区三类，分别获取了三个变形区中最不利剖面在变化的坡率情况下对应的系统可靠度指标及期望功能水平。

# PREFACE

Stability analysis of slope has been receiving much attention since China is a country with a lot of mountains. Due to the environment of rock (rock mass) is complex and variant variability, so that the slope engineering is full of uncertainties, such as the uncertainty of mechanical parameters, load and calculation model. In practical projects, a slope may fail even it is designed with high factor of safety, which indicates that to study the stability of the slope by using the factor of safety approach is not rigorous. The probabilistic approach, where the involved mechanical parameters are analyzed by their mean values and standard deviations during the stability analysis of slopes, and the stability of slopes is determined by the probability of failure as a result, is a new method to analyze the slope stability for the past decades. It is well known that the probabilistic approach is more rigorous and precise for the past decades. Based on the drawbacks of former works, some new probabilistic methods under different slope failure modes are improved and proposed in this paper. The main research contents and results are summarized as follows:

1. A new response surface method is constructed based on SOED and its application

Traditional response surface method takes a long time and has low efficiency when more and more random variables are considered in slope stability analysis. By changing the length of the asterisk arm of the experimental design, the SOED design matrix is constructed, and the calculation formula of the asterisk arm $\chi$ under different random variables is given. The combination of the post-build matrix and the response surface method is proposed, and the SOED-based response surface method (RSM) is obtained. law. With the increase of random variables, the SOED-based RSM can significantly reduce the number of trials compared with the traditional response surface method; and the fitted regression polynomial equation is more accurate. Finally, the method is used to analyze the slope reliability under consideration of multiple random variables such as crack depth and seismic load.

2. A response surface method based on uniform design and LASSO

regression is developed and its application

On the one hand, in order to solve the problem that the traditional response surface method sample point arrangement does not have precise guidance theory, it is proposed to provide an effective basis for the selection of response point method sample points based on uniform design; on the other hand, when the random variable has collinearity problem, it is difficult Obtain accurate regression coefficients, which in turn affects the accuracy of calculations. The collinearity detection method is explored, and a regression method called LASSO is proposed. LASSO regression can also obtain accurate regression coefficients and regression models for the existence of collinearity between independent variables; response based on uniform design and LASSO regression The surface method is used to analyze the stability of the rotating shear landslide, and the three-dimensional strict limit equilibrium is used to obtain the output response, which makes the slope stability analysis more rigorous and reliable.

3. The relationship between the factor of safety and the probability of failure of slope under plane shear landslide is derived

There is not a precise expression of the relationship between the factor of safety and the probability of failure in two-dimensional. Based on the two-dimensional random field theory, the relationship between slope the factor of safety and the probability of failure in the case of single and multiple random variables is derived. The mean value, variance, and Markov correlation function are used to characterize the random variables of the slope. The effects of autocorrelation and cross-correlation of cohesion and internal friction angle coefficients on the the probability of failure of the slope are studied.

4. System reliability analysis of slopes under incomplete data is proposed and its application

According to the performance function of the slope, the upper bound of the the probability of failure is derived by using Chebyshev's theorem; and the value is calculated based on the Taylor expansion; the optimal distribution type is verified by the Bootstrap method and the Akaike information criterion. Calculate the results for comparison. The Chebyshev's theorem is used to estimate the reliability of multi-slip surface shear landslide system with incomplete data.

5. Supplementary design of the constructing slopes under using reliability-based design (RBD)

The reliability design method is used to calculate the the probability of failure of the slope of Shizhu-Qianjiang high-speed Mawu parking area. It is proposed to quantify the uncertainty and reduce the risk of landslide from various aspects of experimental data and parameter values. Through the statistical analysis of the survey data, the impact of data uncertainty on the slope reliability analysis is reduced. The RBD is used to supplement the slope stability. According to the site investigation, the slope deformation is divided into three categories: weak deformation zone, strong deformation zone Ⅰ and strong deformation zone Ⅱ. The stability evaluation of the strong deformation zone is carried out; the slope under different excavation conditions is macroscopically Analysis and regional analysis were carried out and the stability of the slope front was evaluated.

# 主要符号

|  |  |
|---|---|
| $\mu$ | 均值 |
| $\sigma$ | 标准差 |
| $\beta_{RI}$ | 可靠度指标 |
| $COV$ | 变异系数 |
| $F$ | 安全系数 |
| $P_f$ | 失效概率 |
| $H$ | 坡高 |
| $\beta_s$ | 边坡的坡角 |
| $\beta_d$ | 滑裂面倾角 |
| $N$ | 作用于滑裂面上的正应力 |
| $S$ | 作用于滑裂面上的下滑力 |
| $L$ | 边坡滑裂面长度 |
| $W$ | 滑块重量 |
| $e_c$ | 偏心距 |
| $\gamma$ | 岩体重度 |
| $c$ | 黏聚力 |
| $\varphi$ | 土体内摩擦角 |
| $\mu_c$ | 黏聚力均值 |
| $\mu_{\tan\varphi}$ | 摩擦系数均值 |
| $\sigma_c$ | 黏聚力标准差 |
| $\sigma_{\tan\varphi}$ | 摩擦系数标准差 |
| $C(x)$ | 协方差函数 |
| $s_F^2$ | 安全系数的方差 |
| $\theta$ | 相关长度 |
| $\theta_{\tan\varphi}$ | 摩擦系数的相关长度 |
| $\theta_c$ | 黏聚力的相关长度 |
| $\varepsilon_0$ | 残差 |
| $\eta$ | 回归系数 |

| | |
|---|---|
| $\chi$ | 轴点长度 |
| $m$ | 因素个数 |
| $m_0$ | 均值点试验次数 |
| $m_c$ | 角点试验次数 |
| $N_a$ | 试验总次数 |
| $z'_{ij}$ | 中心化的平方项 |
| $\omega$ | 回归方程的常数项 |
| $\alpha_s$ | 水平方向地震荷载系数 |
| $z_c$ | 张裂缝深度 |
| $A$ | 边坡滑面面积 |
| $CD$ | 中心偏差 |
| VIF | 方差膨胀因子 |
| TOL | 容忍度 |
| AIC | 赤池信息量 |
| BIC | 贝叶斯信息量 |

# 图表目录

# 目　录

# 第一章　绪　论

## 1.1　研究的背景及意义

滑坡是三大地质灾害之一，滑坡失稳及造成的事故不胜枚举。例如，1959 年在法国的马尔帕塞大坝(Malpasset Dam)左侧岩体发生滑坡而造成溃坝事件[1]；1963 年，震惊世界的意大利 Vaiont 水库近坝段发牛巨型滑坡，引起水库里的巨浪造成水库附件 2000 多的当地居民遇难[2]；1976 年，我国香港秀茂坪一道 40 米高的填土山坡发生滑坡，导致附近 70 多间房子被毁[3]；1985 年，我国天生桥二级水电站由于开挖扰动发生滑坡，导致现场 48 名施工人员死亡[4]。近些年，随着网络信息的发达，很多滑坡事故可快速查询获得，图 1.1 列举了最近十年我国发生的滑坡和崩塌地质灾害发生次数。其中几起重要事故简单介绍如下：2013 年 1 月 11 日，云南省镇雄县发生特大山体滑坡灾害，造成 46 人死亡；2014 年 8 月 27 日，贵州省福泉市发生山体滑坡，造成 6 人死亡、22 人受伤，21 人失联；2015 年 8 月 12 日，陕西省山阳县中村镇突发山体滑坡，60 余人失踪；2016 年 5 月 8 日，福建泰宁县开善乡发生滑坡，造成附近办公楼及居民楼埋没，39 人失联，2 人遇难[5]。

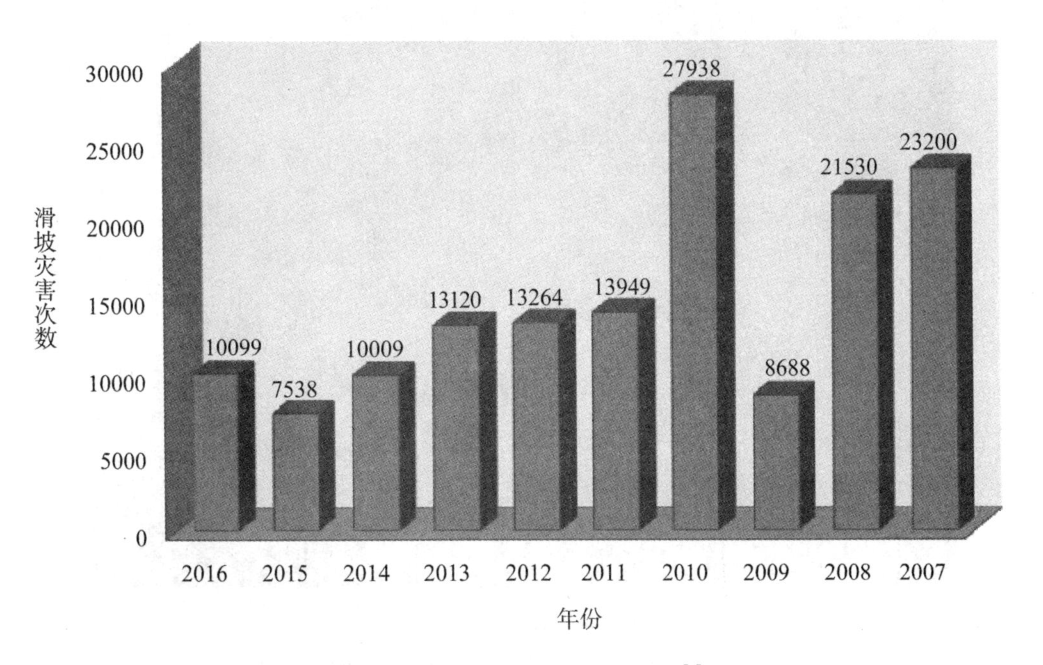


图 1.1　近十年我国滑坡次数统计[5]

Fig. 1.1　The total times of landslides in China for the past ten years[5]

根据图 1.1 统计数据，滑坡灾害带来巨大经济损失，也威胁着人民的生命财产安全，可见对滑坡进行研究的意义巨大。过去近百年，学者及专家们对滑坡灾害进行了相关研究，但滑坡仍很难进行有效预警或者防止。

就边坡研究方法而言，可分为确定性方法和可靠度方法，确定性方法多将边坡的岩土体参数以某一定值计算，很多时候，即使设计为高安全系数的边坡仍然存在失稳，比如：2015 年 11 月 13 日，浙江省丽水市雅溪镇(金丽温高速公路 G25 附近)发生特大型滑坡灾害，造成 38 人死亡，1 人受伤[6]。滑坡体长约 220m、宽约 100m，厚约 15m，体积约 $33\times10^4\mathrm{m}^3$。2004 年 12 月 11 日浙江甬台温高速公路崩塌，崩塌高度为 60 余米，近 1.5 万立方米的塌方量，如图 1.2 所示，该边坡已经进行了加固和维护，却仍然发生了失稳。而可靠度方法是将岩土体参数的标准值和方差代入滑坡稳定性计算当中，以边坡失效概率来评价边坡安全性，即使无法搞清楚参数，但参数可能取值我们可以估算。

边坡稳定性分析和设计的重点是对滑坡的可靠度或失效概率进行评估，然而边坡工程与其他土木工程结构相比，其重要的差别在于岩土体是天然的地质体，而非人工设计加工的。设计人员在设计时，不可能在事先把它们搞得清清楚楚，其中必然存在着大量认识不清、认识不准的不确定性因素。因而，可靠度方法显然更为严谨和合理，也被工程界广泛接受和认可。此外，边坡所受荷载也可能存在不确定性，如降雨侵蚀、地震及人为开挖扰动等；分析模型也存在不确定性，计算模型可能忽略某些因素，如条间力，孔隙水压力等，或者实际为曲面滑动的被假设为平面滑动，这些在使用可靠度方法分析滑坡时都可以被量化。

**图 1.2　浙江甬台温滑坡**

**Fig. 1.2　Yongtaiwen Landslides in Zhejiang，China**

另外，自然界的边坡可以分为岩质边坡、土质边坡和岩土混合边坡，岩土混合边坡具有“土中夹岩”“岩中夹土”等特征。根据 Zhang 等人研究，在 5·12 汶川大地震引发的滑坡中，

42%的滑坡为岩质边坡[7]。岩质边坡破坏模型可分为平面剪切滑动和旋转剪切滑动，而平面剪切可能存在多个滑面，旋转剪切以曲面滑动为主要特征，因而针对上述类型的岩质边坡进行可靠度分析具有重要研究价值。

## 1.2　不确定问题分类及定义

在风险和可靠性分析的实践中，要了解研究对象的失效概率，我们首先得认识不确定性类型及分类。

对于不确定性问题分类，目前存在两种分类，一种是根据主客观分类，由 Hoffman 和 Hammonds 提出，在此，我们称之为分类方法 1[8]。这类方法多出现于机械及经济学等领域；另外一种是根据不确定性来源进行分类，由 Baecher 和 Christian 提出，这在岩土工程领域更为认可，本文我们称之为分类方法 2[9]。

### 1.2.1　分类方法 1

不确定性可以分为两类：偶然的和认知的(不包括人为误差和遗漏)[8]。比如：假设一均匀的地层内，参数性质可由偶然和认知的不确定性影响：

①偶然的不确定性是指变量的自然随机性。假设某一地层中，偶然不确定性就是岩土参数的空间变化，地震峰值加速度的变化，孔隙水和化学场的变化等等因素。偶然不确定性也被称为固有不确定性。偶然不确定性不可以减少或消除。

②认知的不确定性是由于缺乏对不确定性问题的认识而造成的。认知的不确定性，包括测量不确定性，统计的不确定性(由于有限的信息)，和模型的不确定性。统计的不确定性是由于有限的信息，比如观察数量有限；测量不确定性是由于仪器的缺陷或测试方法不对；模型不确定性是由于计算的物理公式都设为理想化条件下。通过收集更多的数据和信息，提高了测量的方法或改进计算方法可以减少，甚至可消除认知的不确定性。

统计不确定性是因为参数估计是从一组有限的数据中得到，并受估计方法的影响。测量的不确定性是就其精度并受偏差(系统误差)和精度(随机错误)的影响，这些不确定性可以从制造商或实验室试验提供的数据来进行评估。模型不确定性定义为实际数量的数量与预测模型的比值。

不确定的参数特性和模型的不确定性可由随机变量的平均，标准偏差(或变异系数)和概率分布类型来描述或定义。图 1.3a 对比较了使用确定性方法和不确定性方法来描述材料参数性质。实际上，没有哪个有经验的岩土工程师能很明确地给出岩土材料参数，更多是在已有数据的基础上，结合预期的数值范围，然后加上工程经验数据来选择一个合适的特征值。所建立的是一个可能值的范围，或选择一个最可能的值或某个保守价值。

图 1.3b 则是应用典型的概率密度函数(probability density function，PDF)来解决岩土工程问题。正态分布和对数正态分布是最常见的；对数正态分布一般适合用来描述变量使其不出现负值。均匀分布是针对几乎都在同样概率大小的范围内。这些分布都简单并只需要很少的工作量就可得到标准的工作统计表。

根据 Lacasse 和 Nadim 学者对可靠度的分析表明，不同的岩土参数不确定性能直接影响到岩土工程的可靠度分析[10]。因此充分量化参数的不确定性并仔细评估这些参数的对工程可靠度的影响显得非常重要。首先，采用统计方法来确定某种岩土性质有关的不确定性，须确保使用数据是一致的。因为来自不一致的数据组直接影响数据可靠性，这种不一致性一般来自不同的地层，不同应力条件，不同的试验方法，不同应力路径，不同的工程规范，没有报告的测试误差或测试不精确，不同的解译数据方式，采样的干扰等等。

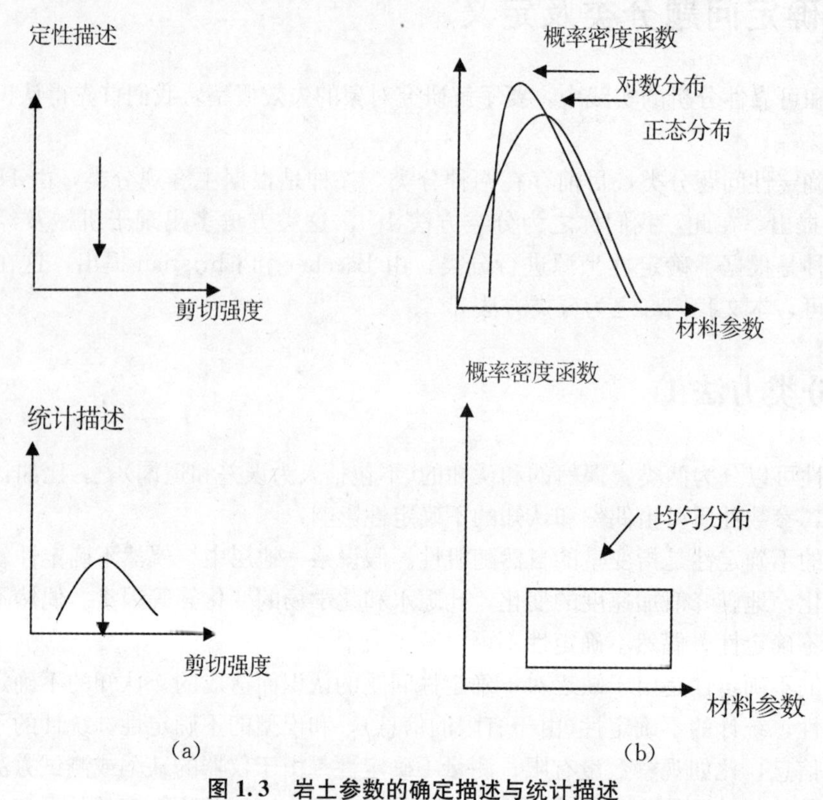


**图 1.3　岩土参数的确定描述与统计描述**

**Fig. 1.3　Deterministic and statistical description of soil property**

Lacasse 和 Nadim[10] 认为，有必要为不同类型的参数并在其对应地理位置建立起一个数据库，以方便他人查阅文献和比较使用。但这些估计可能会因人而异，但是使用概率统计分析可获取更为可信的数据库。

表 1.1 给出了挪威岩土工程研究所中一些数据测试结果[10]。可疑的数据已经删除。变异性，相关的变异系数和概率分布函数如表 1.1 中所示。

**表 1.1　　岩土性质变化和分布的相关系数[10]**

**Table 1.1　Typical coefficient of variation and distribution of soil properties[10]**

| 土的性质 | 土类型 | 概率分布类型 | 变异系数 |
|---|---|---|---|
| 阻力 | 砂 | 对数正态分布 | 点与点变化大 |
| | 黏土 | 正态/对数正态分布 | |
| 不排水剪切强度 | 黏土(三轴) | 对数正态分布 | 5%～20% |
| | 黏土($S_u$) | 对数正态分布 | 10%～35% |
| | 黏质粉土 | 正态分布 | 10%～30% |
| 比例 | 黏土 | 正态/对数正态分布 | 5%～15% |

**续表**

| 土的性质 | 土类型 | 概率分布类型 | 变异系数 |
|---|---|---|---|
| 塑限 | 黏土 | 正态分布 | 3%～20% |
| 液限 | 黏土 | 正态分布 | 3%～20% |
| 浮容重 | 所有土 | 正态分布 | 0%～10% |
| 摩擦角 | 砂 | 正态分布 | 2%～5% |
| 空隙率，孔隙率，初始孔隙比 | 所有土 | 正态分布 | 7%～30% |
| 超固结比 | 黏土 | 正态/对数正态分布 | 10%～35% |

模型不确定性主要原因之一是它们的不确定性通常都很大，只有在某些情况下可以减少。模型不确定性是由于所引入的数据为近似和简化而产生的误差。概率分析时，模型不确定性往往通过一个服从正态或对数正态分布的参数(误差函数)来表示。模型不确定性很难评估，一般根据以下几点评估：

①与相关确定性计算模型试验的比较。

②专家意见。

③相关案例研究的“原型”。

④从文献信息。

为了得到可靠的模型不确定性估计，应确定包括概率模型在内的所有相关信息。模型不确定性的一个重要方面是来自近似函数。最好的模型不确定性三种方式如下：

①分析各随机变量的因素。

②具体组成部分因素。

③极限状态函数的全局因素。

Phoon 和 Kulhawy[11]也对岩土工程中的模型不确定性进行了讨论。

模型不确定性由均值和变异系数来定义，通常呈正态或对数正态分布。模型不确定性可以通过模型试验与确定性计算，汇集专家意见，原型或模型试验研究，文献资料和实际工程经验比较得到。评估模型不确定性，首先应确定有关机制，例如，Lacasse 和 goulois 文献中提出：汇集 30 位国际专家对桩的设计达成的共识，认定目前中等密度或较密砂的常用桩设计方法 API RP2A 方法(API，1993)是保守的[12]。密砂，其不确定性(变异系数≥25%)往往与计算公式所取的经验设计因素有关。

另一方面，当计算模型与不同的失效模式多次模型试验进行校核，偏差结果如表 1.2 显示，发现模型不确定性很小。影响模型不确定性因素列于表 1.3。

**表 1.2　比较计算值与实测的承载力**

**Table 1.2　Comparisons of calculated and measured bearing capacities**

| 结构 | 荷载类型 | 偏差：计算/测试的破坏荷载 |
|---|---|---|
| 浅埋基础 | 静载破坏，试验 1 | 0.8～1.01 |
| | 循环加载破坏，试验 2 | 0.99～1.15 |
| | 循环加载破坏，试验 3 | 1.16～1.17 |
| | 循环加载破坏，试验 4 | 1.06～1.23 |

续表

| 结构 | 荷载类型 | 偏差：计算/测试的破坏荷载 |
|---|---|---|
| 张力腿平台 | 静载破坏，试验 1 | 1.00 |
| | 循环加载破坏，试验 2 | 1.06 |
| | 循环加载破坏，试验 3 | 1.06 |
| | 循环加载破坏，试验 4 | 1.02 |

表 1.3 影响模型不确定性的因素

Table 1.3 Factors affecting model uncertainty

| 性能 | 影响因素 |
|---|---|
| 不排水抗剪强度(黏土) | ● 取样扰动<br>● 试验方法和原位测试实验室规模<br>● 空间变异性，各向异性<br>● 加载速率 |
| 摩擦角(砂) | ● 试样的重构<br>● 密度，试验方法和试验规模 |
| 桩承载能力 | ● 假设的表面摩擦<br>● 表面摩擦和端承摩擦的极限值<br>● 地层的细分<br>● 桩的安装，残余应力和钻入条件<br>● 再固结，加载速率，循环加载，冲刷<br>● 桩的刚度，桩长，单桩与群桩 |
| 浅基础 | ● 临界滑动面的位置<br>● 静态和循环荷载过程模型<br>● 应变软化或渐进破坏<br>● 基准测试时的试验过程<br>● 规模效应，剪切速率和应力条件<br>● 应力和各向异性分布<br>● 平面应变和三维模型，结构刚度<br>● 地层剖面和排水的假设模型 |

### 1.2.2 分类方法 2

岩土工程中处理的不确定性可分为三大类，如图 1.4 所示。

内在变异性与自然过程的“固有”随机性相关，表现为时间变异性和空间变异性：时间变异性为同一个位置随时间的变化而发生的变化；空间变异性为在空间不同位置，但在同一个时间发生的变异性。通常情况下，使用数学模型可以近似表达这种内在变异性[9]。

认知的不确定性归因于缺乏数据，缺乏关于事件和过程的信息，或缺乏对限制我们模拟现实世界的能力的物理定律的理解。认知不确定性分为两个子类别：场地特征不确定性和参数不确定性。

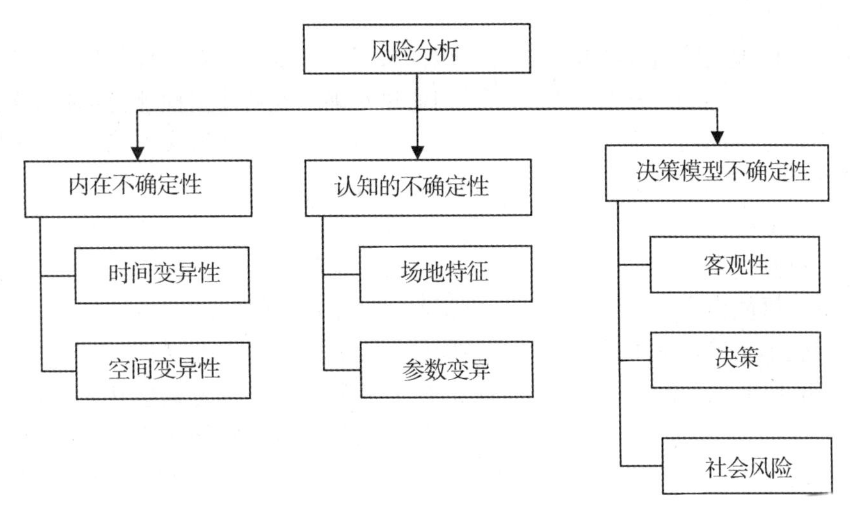


**图 1.4 不确定性问题分类方法 2**[9]

**Fig. 1.4 Another classcifaction of uncertainties**[9]

场地特征的不确定性与我们对地下地质学的解释是否充分有关。它源于数据和勘探的不确定性，包括(i)测量误差，(ii)数据的不一致性或不均匀性，(iii)数据处理和转录错误，以及(iv)由于时间和空间限制而导致的数据样本代表性不足[10]。

参数不确定性与可以估计模型参数的精度有关。参数不确定性是由于我们在评估来自测试或校准数据的参数值时的不准确性而导致的，并且由于有限的观察数量和由此导致的统计不精确而加剧了这种不确定性。

模型不确定性与所选数学模型准确模拟现实的程度有关。模型不确定性，反映了模型或设计技术无法准确表示系统的真实物理行为，或者我们无法识别最佳模型，或者模型可能以鲜为人知的方式及时变化。为获取精确的模型，我们可以通过观察研究对象的由于不确定性而失效的过程如何实现，通过测量某些重要特征，以及统计估计模型的参数，变化的现象来提高计算精度。

除了自然变异性和知识不确定性之外，两种实际类型的不确定性有时也会进入岩土工程风险和可靠性分析。这些与实践中的设计实施以及参与效益成本计算的经济问题有关。这些是运营中的不确定性，包括与工程性能模型中未考虑的建筑，制造，劣化，维护和人为因素有关的不确定性；和决策不确定性，描述我们无法了解社会目标或规定社会贴现率，计划范围的长度，理想的时间消费-投资权衡，或社会对风险的排除。这类不确定性属于工程管理范畴，岩土工程研究较少。

## 1.3 可靠度分析方法研究现状

工程风险和可靠性方法最早应追溯到 Freudenthal 等可靠度领域先驱者，Freudenthal 在 20 世纪 50—60 年代，发表了一系列关于现代风险和可靠性理论的基础论文[11-13]。这些论文概述了包括材料属性的统计与描述，状态空间的失效条件和非参数可靠性指标等概念。随后，一系列的学者及工程研究人员，诸如，Ang[14,15]，Hasofer[16,17]和 Vanmarcke[18-20]，为工程可靠度领域添砖加瓦。

在边坡工程中，其不确定性研究虽然滞后于结构工程领域，但由于岩土体为自然界材料，经历过漫长的地质构造及风化作用等，因而采用可靠度方法对边坡等岩土工程进行分析显得迫切而必要。早期的国外学者及专家试图通过对确定性的稳定性评价选择合理的保守参数，以应对不确定性问题。很显然，这种方法并不能没有正确地解决不确定性的问题。对于如何表征和减少不确定性问题这一领域仍然只有少数研究人员在做，以下是 1982 年 Einstein 和 Baecher[21] 曾说过的一段话：

"对于工程地质不确定性问题的来自哪里，一个不争的事实是这种不确定性是不可避免的。只有试图尽可能减小它，但它最终一定得面对。不确定性问题已经被公认为工程的一个组成部分，问题不是确定存不存在不确定性问题，而是怎么样去处理?"

从 1972 年开始，召开了统计学和概率论在土工和结构工程方面应用的国际学术会议。会议论文集上也发表了不少的研究成果。在历届的国际土力学和基础工程学术会议上，也有一些概率论和统计学在岩土工程中应用的文章。在第 11 届国际土力学和基础工程学术会议上有一个小组专门讨论这一课题。可靠性理论与方法研究岩土工程问题的许多成果表明：在岩土工程领域中，可靠性理论的应用有着广阔的前景，这是因为岩土工程本身是一门综合性的学科，存在着许多不确定性，更加需要用概率论与统计学的方法去研究和解决工程问题。随后，一些新的创造性解决方案出现并应用在了岩土工程设计中，并在计算方法进行了改进。在 20 世纪 70 年代早期，新兴的结构可靠性领域开始蔓延进入岩土工程领域。

滑坡可靠度的基本方法可以分为一阶二矩法(First Order Second Moment，FOSM)[22]、一阶矩法(First Order Reliability Moment，FORM)[23−25]、二阶矩法(Second Moment Reliability Moment，SORM)[17,26,27]、蒙特卡罗法(Monte Carlo Simulation method，MCS)[28−31]和响应面法(Response Surface Method，RSM)[32−34]等，国内外学者对这些方法进行了广泛研究，且对各种方法的结合和改进成果丰富。

## 1.3.1 一阶二矩法研究现状

一次二阶矩就是一种在随机变量的分布尚不清楚的情况下，采用只有均值和标准差的数学模型去求解结构可靠度的方法。由于该法将功能函数 $Z=g(x_1, x_2, \cdots, x_n)$ 在某点用泰勒级数展开，使之线性化，然后求解结构的可靠度，因此称为一次二阶矩[22]。一次二阶矩法是近似计算可靠度指标最简单的方法，只需考虑随机变量的一阶矩(均值)和二阶矩(标准差)和功能函数泰勒级数展开式的常数项和一次项，并以随机变量相对独立为前提，在笛卡尔空间内建立求解可靠指标的公式。因其计算简便，大多情况下计算精又能满足工程要求，已被工程界广泛接受。

假设 $Y$ 是一个函数，包括随机变量 $x_1$，$x_2$，…，$x_n$；

$$Y=f(x_1, x_2, \cdots, x_n) \tag{1.1}$$

一般情况下，$x_1$，$x_2$，…，$x_n$ 与协方差矩阵[C]相关，即[C]=[$\sigma$][R][$\sigma$]，[$\sigma$]是一个标准偏差的对角矩阵，[R]是对角元素(正定对称)且 $R_{ii}=1$，非对角元素 $R_{ij}=\rho_{ij}$ 相关矩阵($\rho_{ij}$ 是变量 $i$ 和 $j$ 之间的相关系数)。标量符号中，$C_{ij}=\sigma_i\sigma_j R_{ij}$。

显然，评估 $Y$ 的平均值和标准偏差，$x_1$，$x_2$，…，$x_n$ 的联合概率密度函数是必备的。然而，在许多实际应用中，随机变量的均值和方差的可用数据是有限的。函数 $Y$ 的随机变量近似平均和方差是函数的泰勒级数展开，忽略了高阶项。如果泰勒系列是被线性截断，一阶估计的均值和方差可获得如下：

$$\mu_Y \approx f(\mu_{x1}, \mu_{x1}, \cdots, \mu_{xn}) \tag{1.2}$$

$$\sigma_Y^2 \approx \{b\}^T[C]\{b\} \tag{1.3}$$

其中向量{b}表示在 $x_i$ 取平均值时，$\frac{\partial Y}{\partial x_i}$ 取偏导，即：

$$\{b\}^T = \left\{\frac{\partial Y}{\partial x_1}, \frac{\partial Y}{\partial x_2}, \cdots, \frac{\partial Y}{\partial x_n}\right\}\Big|_{\mu x} \tag{1.4}$$

如果变量不相关，式(1.3)方程可写为：

$$\sigma_Y^2 \approx \sum_{i=1}^{n}\left(\frac{\partial Y}{\partial x_i}\bigg|\mu_{xi}\right)^2 \cdot \sigma_{xi}^2 \tag{1.5}$$

等式(1.2)、(1.3)或(1.4)称为近似的一阶，二阶矩(FOSM)的均值和方差。

该法仅提供了近似平均值和标准差的估计方法，但是没有足够的失效概率评估。估计失效概率，必须假设分布函数的安全裕度或预安全系数。使用任何概率法来估计失效概率的第一步是确定何谓表现欠佳或失效。在数学上，这是通过定义一个函数 $G(x)$ 实现其功能，当 $G(x) \geqslant 0$ 表示令人满意的性能和 $g(x) < 0$ 意味着业绩不理想或“失效”。$x$ 是一个基本随机变量向量包括阻力参数，荷载效应，几何参数和模型不确定性。

可靠度指标定义为：

$$\beta_{RI} = \frac{\mu}{\sigma} \tag{1.6}$$

其中 $\mu$ 和 $\sigma$ 分别表示均值和标准差的功能函数，经常被用来作为一种替代性措施的安全系数。

可靠度方法提供了比仅使用安全系数法更多的关于岩土工程设计、岩土工程结构的信息。它直接关系到失效概率，计算程序，显示用于评估可靠性指标中哪些参数最有利于不确定性的安全系数。这可以进一步指导调查，提供给工程师实用信息。然而，一次二阶矩法的可靠度指标并不是“不变”。表 1.4 提供了使用不同功能函数公式的可靠性指标，$R$ 和 $S$ 表中分别代表作用在边坡的总抗力和主动力。表中 $COV_R$ 和 $COV_S$ 分别表示抗力和荷载的变异系数，并且 $F = \frac{\mu_R}{\mu_S}$。

**表 1.4　　功能函数公式和一阶二矩法的可靠度指标**

**Table 1.4　　The performance functions and the reliability index in FOSM**

| $G(X)$ | $\beta_{RI}$ |
|---|---|
| $R\text{-}S$ | $\frac{F-1}{\sqrt{F^2COV_R^2+COV_s^2}}$ |
| $\frac{R}{S}-1$ | $\frac{F-1}{F\sqrt{F^2COV_R^2+COV_s^2}}$ |
| $\ln\left(\frac{R}{S}\right)$ | $\frac{\ln F}{\sqrt{F^2COV_R^2+COV_s^2}}$ |

例如，Alonso[35]从概率的角度分析了边坡稳定性，采用方法即一阶二矩法，并对不确定性来源进行了探讨；Tang[36]率先提出基于一阶二矩法等可靠度分析方法对边坡进行设计，

但只是针对不考虑岩土体蠕变的情况下，作者也提到了计算模型简化会带来不确定性；D'Andrea[37]对边坡不排水条件下提出了一阶二矩来分析边坡失效概率，并分析了参数敏感系数对边坡影响；最后，提出了与所需失效概率相对应的设计安全系数；Li 和 Lumb[38]也采用了一阶二矩法对边坡可靠度进行了分析，只是采用 Morgenstern-Price 方法计算边坡的安全系数；另外，Low 等人将一阶二矩法很好地通过 Microsoft Excel 软件来进行边坡计算，非常实用并很快在工程界认可[24]。Griffiths 等人[39]对分析边坡稳定性的传统一阶矩方法(FORM)和更先进的随机有限元方法(RFEM)两种计算结果与进行了对比。发现两种方法之间的关键区别在于随机有限元法更为严格，因为后者考虑了空间相关性；两种方法都可预测边坡失效概率，当变量的相关长度小时，一阶矩法所得计算结果是保守的，但当相关长度大时，一阶矩法不太实用。谭晓慧[40]对边坡稳定可靠度分析的极限状态函数如何确定以及中心点法、验算点法和蒙特卡罗法对边坡稳定性估算进行了对比分析，可见，极限状态函数确立对可靠度指标计算尤为关键。

综上可发现，一阶二矩法虽然计算较为精确且效率高，但其可靠度指标计算的前提是构建了功能函数，而当工程的非线性功能函数不精确时，将很大程度降低该方法精确性。另外，一阶二矩法将随机变量假定为正态分布类型，而实际岩体参数也存在其他类型分布，如：有学者指出，边坡孔隙水服从指数分布[41]。

### 1.3.2 一阶矩和二阶矩法研究现状

一阶矩法是最简单也应用最广的可靠度计算方法。假设研究对象的计算模型为[24]

$$g(x_1, x_2, \cdots, x_n) \approx g(\mu X_1, \mu X_2, \cdots, \mu X_n) + \sum_{i=1}^{n} (x_i - \mu X_i) \frac{\partial g}{\partial x_i} \tag{1.7}$$

因为式(1.7)已经将二次项及更高项移除，因而要计算模型的可靠度须知道其概率密度函数

$$\mu_g \approx g(\mu X_1, \mu X_2, \cdots, \mu X_n) + \sum_{i=1}^{n} \int_{-\infty}^{+\infty} (x_i - \mu X_i) f_{X_i}(x_i) dx_i \tag{1.8}$$

但是每一项的总和都将变为 0，因而

$$\mu_g \approx g(\mu X_1, \mu X_2, \cdots, \mu X_n) \tag{1.9}$$

函数的方差为

$$Var[g] \approx \sigma_g^2 = E[(g - \mu_g)^2] = E\left[\left(\sum_{i=1}^{n} (x_i - \mu X_i) \frac{\partial g}{\partial x_i}\right)^2\right] \tag{1.10}$$

当计算困难时，可简化为

$$\sigma_g^2 = \sum_{i=1}^{n} \sum_{j=1}^{n} \rho X_i X_j \frac{\partial g}{\partial x_i} \frac{\partial g}{\partial x_j} = \sum_{i=1}^{n} \sigma_{X_i}^2 \left(\frac{\partial g}{\partial x_i}\right)^2 + \sum_{i=1}^{n} \sum_{j \neq i}^{n} Cov(X_i, X_j) \frac{\partial g}{\partial x_i} \frac{\partial g}{\partial x_j} \tag{1.11}$$

当方差计算得到，可靠度指标也可明确得到。

二阶矩法考虑了二阶项和二阶导，因而计算更为复杂，函数均值

$$\mu_g \approx g(\mu X_1, \mu X_2, \cdots, \mu X_n) + \frac{1}{2} \sum_{i=1}^{n} \sum_{j=1}^{n} \sigma_{X_i} \sigma_{X_j} \rho_{X_i X_j} \frac{\partial^2 g}{\partial x_i \partial x_j} \tag{1.12}$$

方差为

$$\sigma_g^2=\sigma_X^2\left(\frac{\mathrm{d}g}{\mathrm{d}x}\right)^2-\frac{1}{4}\sum_{i=1}^{n}(\sigma_X^2)^2\left(\frac{\mathrm{d}^2g}{\mathrm{d}x^2}\right)^2+E[(x-\mu X)^3]\frac{\mathrm{d}g}{\mathrm{d}x}\frac{\mathrm{d}^2g}{\mathrm{d}x^2}+\frac{1}{4}E[(x-\mu X)^3]\left(\frac{\mathrm{d}^2g}{\mathrm{d}x^2}\right)^2 \tag{1.13}$$

当高阶项被忽略，则可简化为

$$\sigma_g^2=\sigma_X^2\left(\frac{\mathrm{d}g}{\mathrm{d}x}\right)^2 \tag{1.14}$$

当均值和方差都获得，根据式(1.6)求得可靠度指标。

Hasofer 和 Lind 提出了采用一阶矩法计算可靠度指标[16]；随后，Low 和 Tang 采用 Janbu 法来计算边坡安全系数，然后结合一阶矩法分析了边坡失效概率，但随机变量均假设为正态分布，其他类型分布没有研究[23]；为了研究涉及非正态分布情况下的一阶矩法，Low 和 Tang 采用基于有效电子表格算法的一阶矩法来分析可靠度指标，并给出了不同分布时的失效点搜索方法[24]；Cho 考虑边坡的多种失效模式，采用一阶矩法对边坡系统可靠度进行了研究，其本质是认为边坡的潜在滑裂面存在多个，然后将其看作串联系统模式分析系统可靠度指标[25]。二阶矩法相对一阶矩法更为复杂，Hasofer 和 Lind 给出了二阶矩法的计算程序[17]。谭晓慧[42]提出了一阶矩法-响应面二步法，即先用验算点法求解边坡可靠指标并得到验算点坐标，然后以此验算点为基础，进行拟合的响应面函数，最终求得可靠度指标；另外，基于非线性有限元理论对边坡可靠度分析作了细致研究，认为基于强度折减法的边坡可靠度分析方法方便实用。

正如学者指出[25,42]，一阶矩法和二阶矩法的计算前提同样需一致结构的功能函数。实际工程可根据响应面法来对非线性功能进行重构，如果所获取的回归方程精确度不够，将进一步影响结构功能函数的精确度，最终将导致不可靠的一阶矩法和二阶矩法计算结果。

### 1.3.3　直接蒙特卡罗方法

结构可靠度计算和分析基于两个假定：①结构的状态定义在一个随机向量空间内；②结构处在两种状态之一：安全状态或失效状态，分别对应于随机向量空间的安全域和失效域。基于以上假定，引入随机向量 $X=[X_1, X_2, \cdots, X_n]^{\mathrm{T}}$ 表示结构的基本随机参数，$x=[x_1, x_2, \cdots, x_n]^{\mathrm{T}}$ 表示随机向量的取值，失效概率可以表示为[28]

$$P_f=P(X\in F)=\int f(x)dx \tag{1.15}$$

其中，$f(x)$为随机向量 $X$ 所满足的联合概率分布密度函数，$F$ 为失效域，定义为 $F=\{x \mid g(x)\leqslant 0\}$，其中 $g(x)$表示结构的功能函数。失效概率的计算，即 $P_f$积分值的计算，是结构可靠度分析的基本问题之一。

1946 年，冯·诺依曼等为了模拟核裂变过程中的中子连锁反应，提出了后来被称为蒙特卡罗的模拟方法[31]。蒙特卡罗(Monte Carlo，MC)是摩纳哥的一座城市，因博彩业而著名。数值模拟方法以生成样本点的方式来模拟参数的随机性，本质上带有“赌博”的性质，因保密工作的需要，冯·诺依曼等人就将数值模拟方法以“蒙特卡罗”命名。

直接蒙特卡罗方法(Direct Monte Carlo Simulation，DMCS)的原理是：将式(1.15)的积分式改写为如下形式

$$P_f=\int_F f(x)dx=\int I_F(x)f(x)dx=E_f[I_F(X)] \tag{1.16}$$

其中 $I_F(x)$为示性函数，当 $x\in F$ 时 $I_F(x)=1$，否则 $I_F(x)=0$。结构失效概率的计算问题就转化为随机变量 $I_F(X)$均值的估计问题。直接蒙特卡罗方法的原理是用计算机生成分布满足概率密度函数 $f(x)$的样本点 $x_1$，$x_2$，…，$x_N$，这些样本点可看作对结构参数的随机性的模拟，然后用式(1.16)估计结构的失效概率

$$P_f=E_f[I_F(X)]\approx\hat{P}_f=\frac{1}{N}\sum_{k=1}^{N}I_F(x_k) \tag{1.17}$$

容易验证此估计为无偏估计，估计的变异系数为

$$\delta=\frac{\sqrt{Var_f(\hat{P}_f)}}{E_f(\hat{P}_f)}=\sqrt{\frac{1-P_f}{NP_f}} \tag{1.18}$$

直接蒙特卡罗方法的特点为：

①适用性强，不需要事先知道失效域的任何信息，对任意形式的失效域以及任意维数均适用。

②计算效率低，由计算机生成的样本点，平均$\frac{1}{P_f}$个中才有一个落在失效域内，由式(1.18)可知，如果要使估计的变异系数 $\delta\leqslant 0.1$，则所需要的样本点数量为

$$N=\frac{1-P_f}{P_f\delta^2}\geqslant\frac{100(1-P_f)}{P_f}\approx\frac{100}{P_f} \tag{1.19}$$

实际工程结构的失效概率一般在 $10^{-3}\sim10^{-7}$，所需的样本点数量将在 $10^5\sim10^9$。并且，在计算过程中，对每一个样本点要计算对应的功能函数值以确定该样本点是否落在失效域内，当实际工程结构的功能函数没有显示表达时，需要进行结构分析以得到功能函数值，在样本点数量巨大的情况下，直接蒙特卡罗方法的计算需高配置计算机，否则无法获取计算结果。

为了提高蒙特卡罗法的计算效率，在直接蒙特卡罗方法的基础上，研究者通过引入各种抽样技术及方差缩减技术，发展出一系列的数值模拟方法并广泛地应用于结构的可靠度分析中。Au[43,44]提出采用子集模拟法来计算小概率事件，克服了传统直接蒙特卡罗法耗时低效的缺点。Santoso 等人[45,46]将子集模拟方法应用到了边坡可靠度方法中。Elramly[47]等人借助计算机软件 Microsoft® Excel97 和蒙特卡罗模拟法分析了边坡稳定性，并考虑了输入变量的空间变异性，并对实际案例 James 湾堤坝进行了可靠度分析。边坡失效概率比较小时，采用蒙特卡罗法来估算比较低效。Ching 等人[48]提出了一种基于重要抽样技术的新方法，并采用三个算例对该技术的可行性进行了验证，结果表明：重要抽样法可以无偏差地估计边坡可靠度，且比 MCS 更有效。张洁等[49-51]对潜在边坡滑裂面系统可靠度进行了研究，采用蒙特卡罗模拟法对边坡潜在滑裂面以二次多项式表示，然后判断最可能失效滑裂面；对于滑裂面可能存在高度相关性问题，可选取一些代表性的滑动表面，并基于相关系数进行边坡系统可靠度的估算，最后给出了基于最临界滑动面失效概率的系统失效概率界限的估算方程式。

另外，由于实际很多施工人员或设计人员对可靠度分析及方法不太熟悉。而对确定性方法，如安全系数法比较了解。为了建立起边坡安全系数法和可靠度指标的函数关系，Ching 在这方面作出很大贡献。他通过构造一个等式，该等式可概括失效概率与安全系数的关系，这样使得即使不懂可靠度方法的设计或施工人员也可根据安全系数来判断结构可靠度。该方

法的难点是构造极限状态函数。Ching 提出的这一等式通过子集模拟验证了其正确性[52,53]。

可见，直接蒙特卡罗法是一种优缺点明显的可靠度分析方法。优点是计算精确，缺点是需要大量样本点才能获取收敛性较好的精确结果。因而，岩质边坡可靠度分析的验证可采用蒙特卡罗法。

## 1.3.4 响应面法研究现状

20 世纪 90 年代以前，国外学者主要针对诸如一阶二矩法、一阶矩法、二阶矩法和响应面法四种方法及其改进方法在边坡工程稳定性的应用[15,24,53,54]。其中响应面法起源于实验设计当中，由国外学者 Box 和 Wilson[56]在 1951 年提出的，其本质是根据研究对象的影响因素构建试验矩阵，并通过回归方法得到近似函数，再将回归方程与功能函数建立联系，最终获取研究对象的最大值或最小值。

Wong 首先将响应面法应用于土坡稳定的可靠度计算，如 Wong[32]率先采用了响应面法对边坡工程进行可靠度分析。

在响应面法方面，李典庆等[57]也总结了边坡可靠度响应面法的综合比较，结果如表 1.5 所示。

表 1.5 边坡不同模型时的响应面法推荐

Table 1.5 The advisable Response Surface Method in different rock geometric

| 边坡模型 | 模型Ⅰ | 模型Ⅱ | 模型Ⅲ | 模型Ⅳ |
|---|---|---|---|---|
| 考虑参数空间变异与否 | 单层土坡不考虑参数空间变异性 | 单层土坡考虑参数空间变异性 | 多层土坡不考虑参数空间变异性 | 多层土坡考虑参数空间变异性 |
| 结论：推荐使用方法 | 单重二阶多项式响应面法 | 多重随机响应面法 | 多重二阶多项式响应面法 | 单重随机响应面法 |

徐军和郑颖人[58]介绍了若干响应面的重构方法，认为有理多项式技术和人工神经网络方法在响应面重构中可发挥重要作用；随后，苏永华等[59]将响应面法应用于边坡可靠度分析，响应值为安全系数，采用 Janbu 法计算得到，并采用近似方程分析了灰木露天矿边坡的可靠度；谭晓慧等[60]提出了一种模糊响应面法，该方法是将模糊理论与响应面法结合在一起，可将隐式的模糊极限状态函数显式化，并通过算例研究了参数的变异系数及模糊程度参数对模糊可靠指标的影响。

响应面法多用于工程结构稳定性评价的解析式无法表达时，通过数值模拟或试验来构造多项式函数。选择响应面函数一方面要尽可能简单，另一方面又要考虑到反映各种不同的真实曲面，即使曲面的真实形状无法了解清楚。传统响应面法存在计算工程结构时，其失效概率无法收敛、样本点如何选取没有指导理论及回归方程拟合不准确或过度拟合等问题，很多学者对此进行了改进。如，Li[61,62] 提出了随机响应面法（Stochastic Resonse Surface Method，SRSM）来解决传统响应面法计算结果不收敛问题；进一步，对于随机响应面中的非正态变量间的相关性问题，李典庆等[63]建议采用 Nataf 变换方法；考虑相关非正态变量的随机响应面法计算精度高于一阶矩法。

但改进的响应面法及随机响应面法，都没有考虑随机变量存在共线性或者多重共线性问题。而共线性问题的存在，将很难获取精确的回归方程系数。本文重点研究了共线性问题对岩质边坡可靠度的影响，提出来相关新方法。详细内容见第三、四章。

### 1.3.5 其他方法

1. 随机场理论

结合有限元法和可靠度方法的随机有限元法以及考虑空间变异性和参数相关性的随机场理论等[64-66]。Gravanis 等人[67]基于随机场理论获取了岩质边坡平面剪切滑动情况下，失效概率与边坡安全系数的解析解。发现，边坡安全系数为 1 时，边坡失效概率为 0.5；边坡失效概率随着安全系数的增大而减小，反之则增加。

Liu 等[68,69]研究了当边坡参数被完全随机处理后，边坡失效概率变化情况。选取最不利的横截面的排水剪切强度平均值作为边坡失效的最小值，然后将该剪切强度模拟成三维(3D)并进行分析；对岩土混合边坡采用二元随机场理论进行了表征，通过观察初始边坡破坏时的最大主塑性应变来判断岩土混合边坡的破坏与否。研究发现，岩土混合边坡的失效临界面相当不规则，与纯土边坡明显不同。但随机场理论的缺陷是需已知结构非线性或线性功能函数，对于隐式功能函数而言，显然不适用，因而仍然存在一定局限性。

2. 随机有限元法

20 世纪 90 年代后，随着科技发展，各种依靠计算机技术的可靠度方法蓬勃发展，相关边坡计算软件 SLOPE/W，SLIDE 和 ROCKPLANE 等应运而生[70]。结合随机分析方法与有限元思想的随机有限元法(RFEM)具有重要价值[71]；Griffiths 和 Fenton[70,72,73]采用随机场理论与有限元法创造性提出了随机有限元方法，并研究了局部平均对边坡失效概率的影响。他们认为随机有限元方法与传统的概率边坡稳定性技术相比具有可“寻找”边坡失效最关键的发展机制。结果表明：先前学者通过假设的相关性而忽略空间变异性，导致对边坡失效概率的非保守估计。这与其他研究者使用经典的边坡稳定性分析得到的结论是相矛盾的。同样的成果可在文献[71]中发现。

某种意义而言，非入侵式有限元可靠度法也可以归纳为随机有限元法。蒋水华等在非入侵式有限元可靠度法成果丰硕，提出大型岩土结构物可靠度分析的非入侵随机有限元法，有效解决了传统可靠度分析方法当中有限元分析的非线性隐式可靠度问题；采用非入侵式有限元法对锦屏一级水电站的边坡可靠度进行了准确分析[74-80]。

随着计算机技术发展，各种依靠有限元分析软件被用于分析边坡可靠度[81-83]。并对边坡安全系数研究了不同计算方法，国内也有不少成果[84-86]。但岩体材料实际为非均质材料，产生变形可能为非连续变形，因而随机有限元法依然存在局限性。

3. 基于可靠度理论的设计

高谦和王思敬[87]考虑到岩土工程涉及较多不确定性因素，从地质勘探数据处理、地质结构和力学模型等方面进行不确定性量化，并将提出方法应用于龙滩水电站船闸边坡的优化设计。

陈立宏等[88]建立了基于 Excel 的边坡稳定分析软件，该软件可考虑边坡滑裂面的荷载、孔隙水压力和不同的滑裂面等因素，且可线性规划求解，为边坡稳定性分析提供了是一个很好工具。

边坡鲁棒性设计是边坡可靠度设计一发展趋势[89]。Gong 等[90-92]在岩土可靠度稳健设计做了重要研究，提出的一种改进的 RGD(Robust getechnical design)方法，明确考虑了系统响应对不确定参数变化的鲁棒性。与基于可靠性的设计(Reliability-based design，RBD)不同，用户不需要对不确定参数进行完整的统计表征。这可为边坡工程的鲁棒性设计提供可靠参考。

Juang[93]在边坡可靠度稳健设计做了大量研究工作，这可让边坡在开挖前获取很好的设计参数，量化了模型不确定性，节约经济成本同时做到防患于未然。通过仔细调整设计参数(可由设计人员控制的参数)，考虑了所有设计要求，如安全性，稳健性和成本，最终确定最优方法。这种优化的结果通常表示为 Pareto Front，这是一组优化设计，共同定义成本和稳健性之间的权衡关系，同时满足安全要求[94—96]。

近些年，随着可靠度方法的日益成熟，很多欧洲及北美国家开始将可靠度方法列入岩土工程规范。Low 和 Phoon[97]认为可靠性的设计可以在欧洲规范 7(EC7)发挥有效的补充作用，例如在 EC7 中，不同参数灵敏度，交叉相关或空间上相关参数对结构可靠度的影响都未考虑，将严格的基于可靠度设计方法应用于结构设计将很大程度降低工程风险。Phoon 和 Ching[98]比较了两种用于岩土可靠度代码校准的方法，即基于设计值的一阶可靠度方法(DVM)和基于分位数的分位数值方法(QVM)。结果表明，QVM 比 DVM 在可靠度设计中更强大。

可靠度设计理念实际为传统可靠度分析方法的逆过程，为克服传统边坡设计不考虑不确定性的缺点，很有必要将可靠度设计理念植入边坡设计中。

4. 其他岩质边坡可靠度新方法

Ahmadabadi 和 Poisel[99]研究了点估计方法(PEM)岩石边坡概率稳定性分析的适用性及障碍。比较了两种点估计方法：Rosenblueth 方法[100]、Zhou 和 Nowak 方法[101]，计算边坡可靠度分析涉及相关非正态变量的优缺点。

Johari 等人[102]提出了一种顺序复合方法(Sequential Compounding Method，SCM)来研究楔形体滑坡的可靠度。该方法本质是将两个滑面通过逻辑操作顺序耦合，最后该楔形体边坡概率估算简化为一个复合事件。Johari 等[103]也采用过联合概率分布方法对岩质边坡进行了解析解推导。但该方法前提是需假设所有变量为不相关。

Napoli 等[104]对混合岩(bimrocks)边坡进行了可靠度分析，文章将混合岩视为异质材料，以避免在设计阶段忽略块体的存在而导致潜在不准确性。引入随机方法是为了考虑岩石夹杂物固有的空间和尺寸变化。

陈昌富和彭振斌[105]给出了一种搜寻最小可靠度指标情况下的最危险滑面，并提出了边坡含主控弱面的双滑块破坏形式的可靠度计算方法，并结合实际工程案例对提出新方法进行了可行性分析。

吴振君[106]对可靠度计算方法作了不少工作并获得很多成果，比如：提出拉丁超立方抽样与 BP 神经网络相结合的可靠度计算方法；将克里金法与随机场理论结合构建新的约束随机场；认为岩土参数的空间变异性与其地质成因有关，将地层参数的地质成因纳入可靠度分析流程[107—109]。

李典庆及其团队等[110—112]对边坡可靠度方法做了大量研究工作，成果颇丰。李典庆和周创兵[110]收集香港近 20 年边坡的观察数据，对边坡的时变-可靠度进行了分析。给出了将来边坡的年失效概率公式并对现役边坡进行了失效时间估算。根据滑坡造成的死亡人数构建了地灾风险接受准则；一个重要发现就是当边坡服务年限超过 10 年后，其失效概率急剧增加。

唐小松等对岩质边坡工程中概率信息不完备作了不少成果，在信息不足情况下无法准确获取已知相关变量的联合概率分布函数，导致无法进行边坡的失效概率估算。他提出了基于 Copula 理论的相关非正态岩土体参数分布模型[113-1115]；以及针对数据量不足的情况下，采用 Bootstrap 方法实现“小样本”至“大样本”[116,117]。边坡失效概率与降雨存在很大关联性，但学者多以确定性方法进行研究。张璐璐等以可靠度视角对降雨条件下边坡稳定性作了不少研究[118-121]。如：对香港全风化花岗岩土的水土特征曲线和渗透系数数据特征进行了统计，并将数据用于实际模型来计算边坡可靠度；结果发现非饱和土边的渗流参数相关性很大程度影响边坡可靠度。

对于传统的风险评估方程可能仅适用于沿给定滑动面的斜坡破坏，但可能无法直接应用于具有大量潜在滑动面的斜坡破坏。Zhang 等[122]认为需计算所有可能滑的边坡系统失效概率。研究发现，最可能的破坏面可能并不总是具有最大风险的滑动面，边坡破坏的风险是由代表性滑动面控制。Zhang 等[123]对加固后边坡失效概率也有研究。

### 1.3.6 存在的问题及不足

综上所述，国内外学者对不同类型的破坏模式下边坡做了大量研究工作，但仍然存在以下不足：

①传统响应面法的样本取值仍然没有精确的理论指导，现有的样本矩阵设计会导致局部解的出现，因而需提供有精确理论指导的样本矩阵设计方法；另外，响应面法的回归方程可用于岩质边坡功能函数的构建，但传统响应面法及改进的随机响应面法等，都没有考虑随机变量存在共线性或者多重共线性问题。而共线性问题的存在，将很难获取精确的回归方程系数，这在岩质边坡可靠度研究几乎为空白；

②采用一阶二矩法、一阶矩法和二阶矩法进行可靠度分析的前提是已知功能函数，然而实际工程中却存在功能函数无法确定的情形，因而需要对功能函数的重构进行研究；

③国内外可靠度研究大部分集中在改进传统可靠度分析方法以提高其效率和精度，然而大部分的可靠度分析方法需假设随机变量为正态分布或者非正态分布；另外，实际工程中勘察数据的缺乏或不足，无法获取正确的概率分布信息。因而，为获取足够概率分布信息，有必要提出一种在少量数据情况下估算岩质边坡的可靠度方法；

④边坡可靠度分析问题多集中在一维，然而实际工程边坡滑裂面参数的不确定性本质为二维空间问题，多个滑裂面的边坡甚至可能为三维空间变异性问题，二维甚至多维情况下的参数不确定性研究工作较少；

因而，针对这一系列不足，很有必要采用新方法进行解决或补充。

## 1.4 本文研究内容和技术路线

### 1.4.1 研究内容

1. 采用 SOED 法构建非共线性矩阵设计，并采用基于 SOED 的非线性响应面法分析带张裂缝平面剪切滑坡可靠度

通过改变实验设计的轴点长度，构建 SOED 设计矩阵，通过基于 SOED 的非线性响应

面法获取的拟合方程残差更为精确；随着实验因素的增加，与传统响应面法相比，基于SOED的非线性响应面法可明显减少试验次数；考虑张裂缝深度和地震荷载的滑坡可靠度分析中，研究张裂缝深度等因素对边坡稳定性影响。

2. 提出LASSO回归来处理共线性问题，并组合均匀设计与LASSO的新响应面可靠度分析方法

为解决传统响应面法样本点布置没有精确指导理论的问题，提出基于均匀设计来为响应面法样本点选取提供有力参考；探究共线性的检测方法；当随机变量存在共线性的问题，很难获取精确的回归系数，进而影响可靠度的计算精确性。针对这一问题，提出一种名为LASSO的回归方法，该方法对于自变量之间存在共线性的情况下也可得到精确回归系数和回归模型；基于均匀设计的响应面法分析旋转剪切滑坡稳定性时，采用了三维严格极限平衡来获取输出响应值，使得边坡稳定性分析更为严谨可靠。

3. 抗剪强度参数共线性情况下的失效概率与安全系数关系推导

采用一维和二维随机场理论来表征共线性，找寻边坡安全系数和失效概率在单个或多个随机变量情况下的关系表达式，采用平均值、方差、马尔科夫相关函数对边坡的随机变量进行了表征，并研究参数的自相关性和共线性对边坡失效概率的影响；

4. 数据不完备情况下的多滑面旋转剪切滑坡系统可靠度分析

实际工程的概率信息往往不完备，特别是存在多个潜在滑裂面的验证边坡。根据边坡的功能函数，采用契比雪夫不等式对其失效概率上限进行推导，但推导的上限值只涉及系统的均值和标准差，需要大量样本点才可获取精确估算结果。为获取精确的系统均值和标准差，通过均匀设计响应面法获取的回归函数来确定安全系数的均值和标准差。同时，为验证计算结果，采用Bootstrap方法来实现“小样本”发展至“大样本”，然后基于赤池信息量来判据的最佳分布类型，进一步依据概率密度函数求解的系统失效概率与推导上限进行对比。最后，采用契比雪夫不等式估算数据不完备情况下的多滑面旋转剪切滑坡系统可靠度。

5. 可靠度设计理念在实际工程岩质边坡中的植入

对石黔高速马武停车区及长沙冰雪世界岩溶边坡的地形地貌及地层岩性等进行了概况，并对岩土体参数力学指标进行了统计；通过潜在滑动倾角的平面来表征潜在滑面，推导了含有(多)溶洞岩质边坡的潜在滑动面解析解。根据几何关系和余弦定理确定潜在滑块重力，并建立边坡稳定性包含边坡滑裂面与水平方向夹角 $\theta$ 的隐式方程，可通过迭代求解得到夹角 $\theta$ 的极小值。该极小值对应的稳定系数即为边坡若含溶洞岩质边坡稳定系数最小值。进一步，通过对勘察数据的处理，降低了数据不确定性给边坡可靠度分析带来的影响；采用随机场理论对边坡前缘稳定性进行可靠度补充设计；根据现场调研，将边坡变形区分为：弱变形区、强变形Ⅰ区和强变形Ⅱ区，对三个变形区及整个边坡进行稳定性评价；同时对不同开挖工况下的边坡进行宏观分析和区域分析。

### 1.4.2 技术路线

本研究的技术路线如图1.5所示：

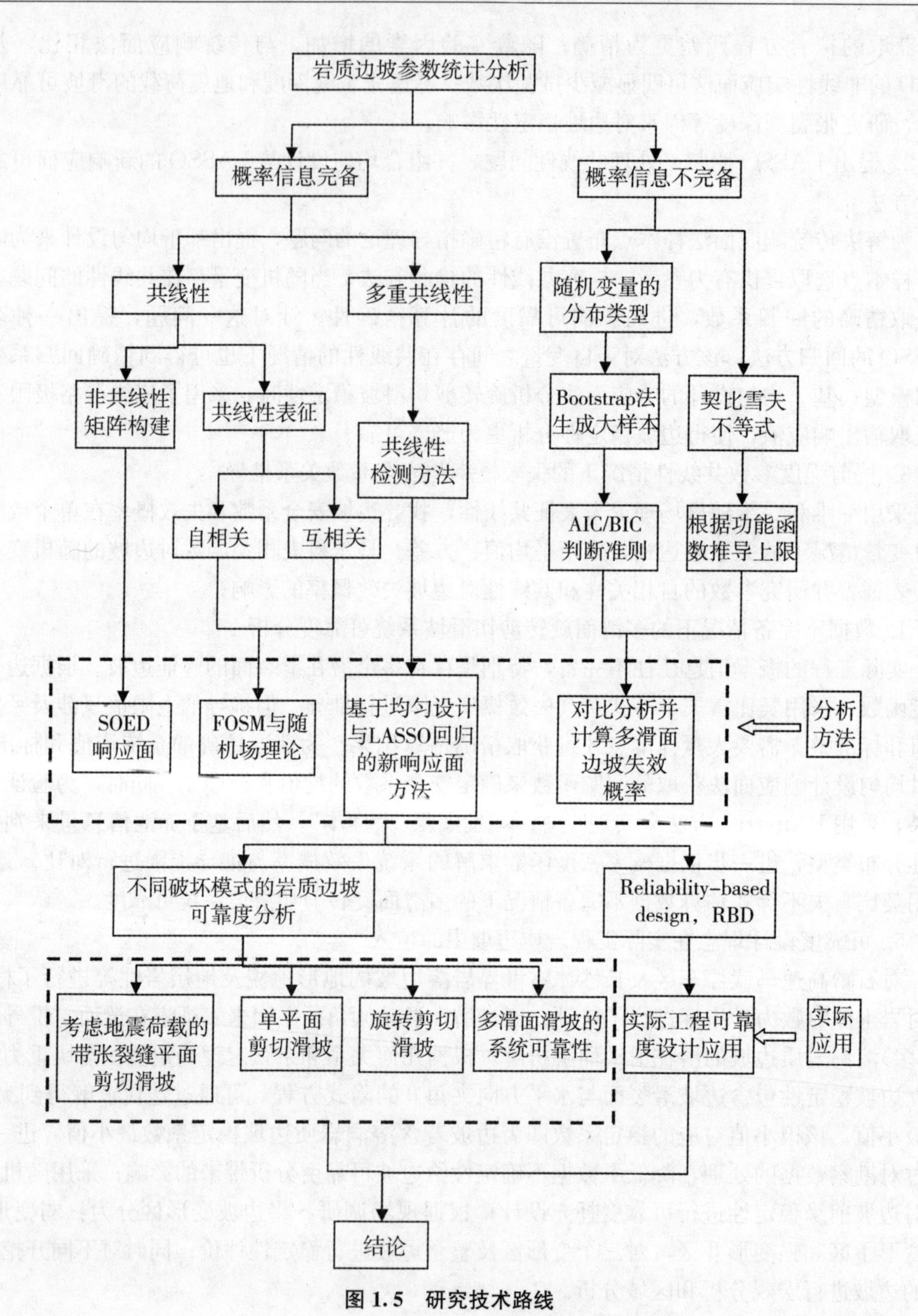


**图 1.5 研究技术路线**

**Fig. 1.5 The researching flow chart**

# 第二章　考虑共线性问题的可靠度分析方法

可靠度分析理论的核心是求解可靠度指标，一般可以通过两种形式来求解，一种是已知功能函数情况下通过一阶二矩法、一阶矩法或二阶矩法来直接求解；另一种是通过响应面法构建功能函数，然后根据一阶二矩法求得可靠度指标。然而传统响应面法存在两个缺点：一、样本点的构造仍没有很好的指导理论，可能造成局部解；二、回归方程获取过程考虑高阶项忽略了变量之间的共线性或多重共线性问题，将严重阻碍精确回归系数的获取；为了解决这两个问题，本章提出了基于 SOED(Second Orthogonal Experimental Design)构建样本空间正交矩阵和基于 LASSO(Least absolute shrinkage and selection operator)回归来处理共线性问题。

首先，对共线性问题及多重共线性问题的定义进行了解释，然后对根据其定义发展了共线性的检测方法，最后构建了非共线性设计矩阵以及提出较为先进的 LASSO 回归方法。其中 SOED 构建的设计矩阵既可以为样本点的选取提供了精确理论指导的同时，也克服了共线性问题；而 LASSO 回归压缩了某些高度共线性变量系数，实现对多重共线性变量进行剔除。

## 2.1　多重共线性概念及检测方法

### 2.1.1　共线性问题

共线性指的当自变量与自变量之间存在精确相关关系或高度相关关系，当多个变量存在共线性时，称为多重共线性(multicollinearity)。当共线性问题或多重共线性问题存在时，回归系数的获取将被严重影响，模型估计失真或难以估计准确，回归方程获取的拟合值将与实际值的差距很大，即方差很大[124]。

如图 2.1 所示，描述了两个变量 $x_1$ 和 $x_2$ 的方差

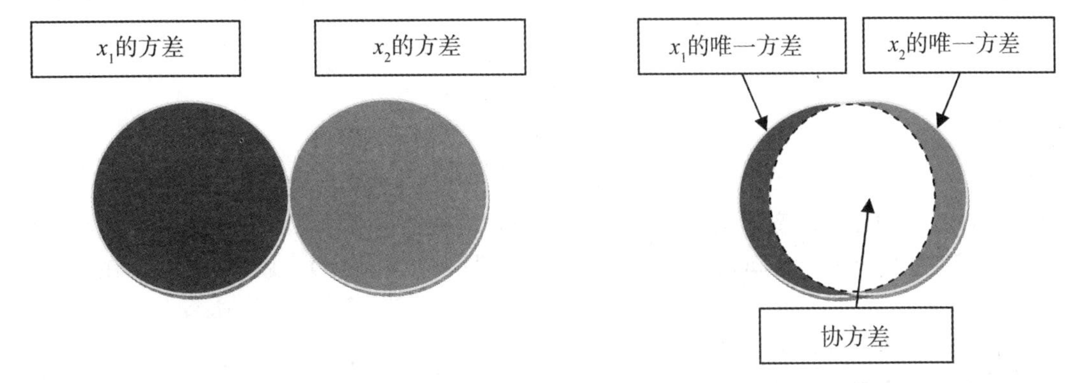


**图 2.1　共线性问题**

**Fig. 2.1　The problem of multicollinearity**

### 2.1.2 共线性判断方法

当共线性问题存在时，存在：

$$\mathrm{Rank}(M) < j \tag{2.1}$$

换言之，根据公式(2.1)，如果试验设计矩阵不是满秩时，说明存在共线性问题。或者存在 $|M'M|=0$ 时，对应的特征值会等于0或接近0，也意味着共线性问题的存在。当多重共线性存在时，将导致很难获取准确的回归系数和回归模型，可见很有必要解决这一难题。但为解决这一难题，首先我们必须对共线性和多重共线性的判断进行充分认识。

共线性的判断有很多种，主要包括高度相关判断法、特征值法、方差膨胀因子法和容忍度法。

1. 高度相关判断法(High Correlations)

自变量之间的相关性可以直接逐个计算出来，当相关系数矩阵出现接近于1时，可判断这两个变量之间存在着共线性。当多个变量存在共线性时，就变成了多重共线性问题。

相关性计算公式为：

$$corr(x_1, x_2)=\frac{j\sum x_1x_2-\sum x_1\sum x_2}{\sqrt{j\sum x_1^2-\left(\sum x_1\right)^2}\sqrt{j\sum x_2^2-\left(\sum x_2\right)^2}} \tag{2.2}$$

其中，$y_i$ 为被当作自变量的因变量；$x_i$ 为需计算剩余其他自变量；$\bar{y}$ 为平均值。可发现，公式(2.2)计算只针对两个变量之间的相关性进行判断，所以对于变量较多时，多重共线性的判别比较烦琐。

2. 特征值法(Eigenvalues)

当 $|M'M|$（设计矩阵的转置与设计矩阵相乘)的特征值存在为0的值时，说明存在共线性，存在多个为0的值时，说明存在多重共线性问题。需要指出的是，接近于0也可能意味着存在共线性问题或多重共线性问题。

3. 方差膨胀因子法(variance inflation factors，VIF)

方差膨胀因子指的是自变量之间存在共线性或多重共线性时的与不存在多重共线性时的方差比值，这是共线性判断最常用的方法。判断公式如下：

$$\mathrm{VIF}_n=\frac{1}{1-R_n{}^2},\ n=1,\ 2,\ \cdots,\ j-1 \tag{2.3}$$

其中，$j$ 指的是影响因素个数，$R_n^2$ 表示把 $x_n$ 作为自变量时的决定系数

$$R_n^2=1-\frac{\frac{1}{j}\sum_{n=1}^{j}(y_n-\bar{y})^2}{\frac{1}{j}\sum_{n=1}^{j}(x_n-\bar{x})^2} \tag{2.4}$$

其中，$y_i$ 为测定的因变量预测值，$\bar{y}$ 为因变量预测值的平均值，$\bar{x}$ 为测定的自变量作为因变量时的平均值。当方差膨胀因子值大于10，即 VIF(＞10)，就意味着存在多重共线性[125]。

4. 容忍度法(tolerance，TOL)

容忍度实际上是方差膨胀因子判断的另一种形式，容忍度的表达公式为

$$\mathrm{TOL}_n=1-R_n{}^2,\ n=1,\ 2,\ \cdots,\ j-1 \tag{2.5}$$

当容忍度 TOL<0.1 时，说明共线性问题严重。

### 2.1.3　可靠度分析方法的共线性问题

共线性问题中，如果将检测的变量分为包括高阶项和不包括高阶项，可分为低阶项共线性问题和高阶项共线性问题。对可靠度分析方法，参数相关是指变量的相关性，因而参数相关与低阶项共线性是等价的。

根据共线性定义，对传统响应面法进行了共线性检测，发现采用中心复合设计的响应面法基本上不存在共线性及多重共线性。

一阶矩及二阶矩估计方法是采用由 Haosfer 和 Lind 提出的可靠度指标来计算[17,18]，而基于响应面思想的多种方法也是在计算过程中借助该方法来计算可靠度指标[57,58]。Haosfer-Lind 可靠度指标具体公式见第三章的式(3.18)和第四章的式(4.3)。根据 Haosfer-Lind 可靠度指标定义，可以发现该方法采用相关系数矩阵考虑低阶项共线性，但其功能函数表达式如果涉及高阶项，就没有考虑共线性问题。

下面对均匀设计响应面法进行了共线性问题的研究。

根据 Guan 和 Melchers 研究，传统响应面法的样本点布置由于缺乏精确的理论指导，计算结果可能存在局部最优解，而不是全局解[126]。均匀设计是一种具有均匀布置，整齐可比的伪蒙特卡罗法，是基于数论和超拉丁方理论而构建的[127]。因而，很多学者提出了基于均匀设计的响应面法，以此给响应面样本点布置提供有效理论依据[128,129]。

然而，均匀设计响应面法存在共线性问题，选取 6 因素 29 水平的均匀设计表作为例子，如表 2.1 所示。其中，表 2.1 中 $z_i$ 表示实验因素。因为很多工程问题为非线性问题，因而响应面回归多考虑采用高阶项回归方程，表 2.1 只列出了平方项。

**表 2.1　6 因素的均匀设计响应面法样本点布置**

**Table 2.1　The distribution of sampling points in Uniform Design-based RSM with 6 variables**

| 编号 | $z_1$ | $z_2$ | $z_3$ | $z_4$ | $z_5$ | $z_6$ | $z_1^2$ | $z_2^2$ | $z_3^2$ | $z_4^2$ | $z_5^2$ | $z_6^2$ |
|---|---|---|---|---|---|---|---|---|---|---|---|---|
| 1 | 1 | 13 | 17 | 19 | 23 | 29 | 1 | 169 | 289 | 361 | 529 | 841 |
| 2 | 2 | 26 | 4 | 8 | 16 | 28 | 4 | 676 | 16 | 64 | 256 | 784 |
| 3 | 3 | 9 | 21 | 27 | 9 | 27 | 9 | 81 | 441 | 729 | 81 | 729 |
| 4 | 4 | 22 | 8 | 16 | 2 | 26 | 16 | 484 | 64 | 256 | 4 | 676 |
| 5 | 5 | 5 | 25 | 5 | 25 | 25 | 25 | 25 | 625 | 25 | 625 | 625 |
| 6 | 6 | 18 | 12 | 24 | 18 | 24 | 36 | 324 | 144 | 576 | 324 | 576 |
| 7 | 7 | 1 | 29 | 13 | 11 | 23 | 49 | 1 | 841 | 169 | 121 | 529 |
| 8 | 8 | 14 | 16 | 2 | 4 | 22 | 64 | 196 | 256 | 4 | 16 | 484 |
| 9 | 9 | 27 | 3 | 21 | 27 | 21 | 81 | 729 | 9 | 441 | 729 | 441 |
| 10 | 10 | 10 | 20 | 10 | 20 | 20 | 100 | 100 | 400 | 100 | 400 | 400 |

续表

| 编号 | $z_1$ | $z_2$ | $z_3$ | $z_4$ | $z_5$ | $z_6$ | ${z_1}^2$ | ${z_2}^2$ | ${z_3}^2$ | ${z_4}^2$ | ${z_5}^2$ | ${z_6}^2$ |
|---|---|---|---|---|---|---|---|---|---|---|---|---|
| 11 | 11 | 23 | 7 | 29 | 13 | 19 | 121 | 529 | 49 | 841 | 169 | 361 |
| 12 | 12 | 6 | 24 | 18 | 6 | 18 | 144 | 36 | 576 | 324 | 36 | 324 |
| 13 | 13 | 19 | 11 | 7 | 29 | 17 | 169 | 361 | 121 | 49 | 841 | 289 |
| 14 | 14 | 2 | 28 | 26 | 22 | 16 | 196 | 4 | 784 | 676 | 484 | 256 |
| 15 | 15 | 15 | 15 | 15 | 15 | 15 | 225 | 225 | 225 | 225 | 225 | 225 |
| 16 | 16 | 28 | 2 | 4 | 8 | 14 | 256 | 784 | 4 | 16 | 64 | 196 |
| 17 | 17 | 11 | 19 | 23 | 1 | 13 | 289 | 121 | 361 | 529 | 1 | 169 |
| 18 | 18 | 24 | 6 | 12 | 24 | 12 | 324 | 576 | 36 | 144 | 576 | 144 |
| 19 | 19 | 7 | 23 | 1 | 17 | 11 | 361 | 49 | 529 | 1 | 289 | 121 |
| 20 | 20 | 20 | 10 | 20 | 10 | 10 | 400 | 400 | 100 | 400 | 100 | 100 |
| 21 | 21 | 3 | 27 | 9 | 3 | 9 | 441 | 9 | 729 | 81 | 9 | 81 |
| 22 | 22 | 16 | 14 | 28 | 26 | 8 | 484 | 256 | 196 | 784 | 676 | 64 |
| 23 | 23 | 29 | 1 | 17 | 19 | 7 | 529 | 841 | 1 | 289 | 361 | 49 |
| 24 | 24 | 12 | 18 | 6 | 12 | 6 | 576 | 144 | 324 | 36 | 144 | 36 |
| 25 | 25 | 25 | 5 | 25 | 5 | 5 | 625 | 625 | 25 | 625 | 25 | 25 |
| 26 | 26 | 8 | 22 | 14 | 28 | 4 | 676 | 64 | 484 | 196 | 784 | 16 |
| 27 | 27 | 21 | 9 | 3 | 21 | 3 | 729 | 441 | 81 | 9 | 441 | 9 |
| 28 | 28 | 4 | 26 | 22 | 14 | 2 | 784 | 16 | 676 | 484 | 196 | 4 |
| 29 | 29 | 17 | 13 | 11 | 7 | 1 | 841 | 289 | 169 | 121 | 49 | 1 |

采用 2.1.2 节介绍的共线性判断方法，当 $z_1$ 作为因变量，而其他因素仍然作为自变量时，计算结果如表 2.2 所列。通过表 2.2 可以发现，$z_1$ 作为因变量时，存在 VIF 大于 10 的变量，因而，均匀设计响应面法存在共线性问题。

为了对此问题进行解决，提出了 LASSO 回归方法，并与均匀设计组合成新的响应面法，具体见本书第四章。

**表 2.2　　6 因素的均匀设计样本点共线性情况($z_1$ 作为因变量)**

**Table 2.2　　The multicollinearity of sampling points in Uniform Design with 6 variables**

| 模型 | 共线性统计量 | |
|---|---|---|
| | 容差 TOL | VIF |
| (因变量) | | |
| $z_2$ | 0 | — |

续表

| 模型 | 共线性统计量 | |
|---|---|---|
| | 容差 TOL | VIF |
| $z_3$ | 0 | — |
| $z_4$ | 0.054 | 18.500 |
| $z_5$ | 0.054 | 18.500 |
| $z_6$ | 0 | — |
| $z_1^2$ | 0.204 | 4.912 |
| $z_2^2$ | 0.204 | 4.912 |
| $z_3^2$ | 0.204 | 4.912 |
| $z_4^2$ | 0.054 | 18.579 |
| $z_5^2$ | 0.054 | 18.579 |
| $z_6^2$ | 0.204 | 4.912 |

## 2.2　基于 SOED 构建的非共线性矩阵

### 2.2.1　传统响应面法样本点布置

响应面法（Response surface methodology，RSM）最初只是作为实验设计的一种方法[56]，它是由统计和数学方面的相关知识发展而来，该方法在工业产品的设计和质量改进中扮演了重要角色。

一般而言，由于岩土工程中参数的不均匀性，很多工程，比如边坡、隧道等工程是无法获取一个明确的极限状态函数并在此基础上分析其稳定性的时候，响应面法被应用过来。响应面法本质是采用多个方程组来计算或模拟，并获取对应的响应面值，最后得到一个近似回归方程并把这作为近似函数。响应面函数中的变量一般是在已知的特定区域内，并通过优化过程来获取输出的最大或最小响应值。

假设响应值为 $y$，一系列影响因素为 $z_1$，…，$z_n$，其真实模型表达式为

$$y=f(z)=f(z_1,\ \cdots,\ z_n),\ z=z_1,\ \cdots,\ z_n \tag{2.6}$$

当式(2.6)的 $f(z)$ 复杂到难以获取时，实际工程中通常采用一个近似的替代函数来表示。

$$y'=g(z)=\eta f(z_1,\ \cdots,\ z_n)+\varepsilon_0,\ z=z_1,\ \cdots,\ z_n \tag{2.7}$$

其中 $\eta$ 为回归系数，$\varepsilon_0$ 为残差，即回归值与真实值的差。

式(2.7)可通过一系列的实验来获取一系列响应值 $y'$，这就需要借助于实验设计方法来解决。传统的实验设计方法包括如析因设计、正交设计和最优回归设计等，当 $f(z)$ 未知可通过实验来估计一个近似函数表达式。一般式(2.7)又可以分为一阶模型和二阶模型，一阶

模型即值考虑一次项回归系数而获取的回归方程，其表达式如下

$$\hat{y}=\omega+\sum_{i=1}^{n}\eta_i z_i+\varepsilon_0\ ,\ i=1,\ 2,\ \cdots,\ n \tag{2.8}$$

二阶模型写作为

$$\hat{y}=\omega+\sum_{i=1}^{n}\eta_i z_i+\sum_{j<i}\eta_{ij} z_i z_j+\sum_{i=1}^{n}\eta_{ii} z_i^2+\varepsilon_0\ ,\ j=1,\ 2,\ \cdots,\ n-1(j\neq i) \tag{2.9}$$

其中，$\omega$，$\{\eta_i\}$，$\{\eta_{ij}\}$，$\{\eta_{ii}\}$分别为常数项，一次项回归系数，交互项回归系数和二次项回归系数。我们可以发现，式(2.9)中的未知项为$\frac{(n+1)(n+2)}{2}$个，也就是说，要获取一个二阶回归方程，试验次数至少要大于$\frac{(n+1)(n+2)}{2}$。

传统响应面法的实验设计采用中心复合设计(centeral composite design，CCD)。中心复合设计指的是一种针对二阶响应面模型进行组合设计试验的一种方法。主要包括三种点，角点、均值点和轴点。

角点是通过析因设计而得到的；均值点，顾名思义即所有变量都取均值的样本点；轴点指的是分布于坐标轴轴上的样本点。其示意图如图 2.2 所示。

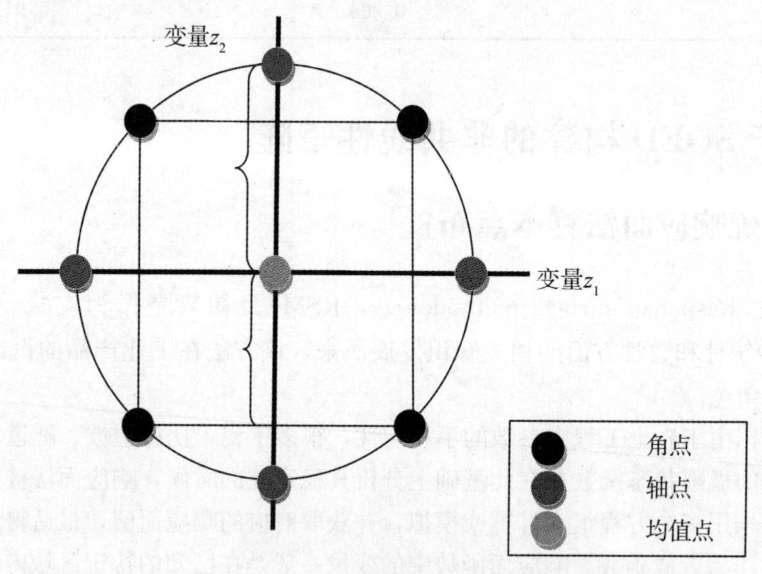


**图 2.2　含 2 个变量的实验设计点分布**

**Fig. 2.2　Distribution of design points in SOED with two variables**

采用中心复合设计时，假设变量为 $m$ 个，显然，角点试验次数为 $2^m$；均值点试验次数为 1；轴点试验次数为 $2m$，总试验次数为 $2^m+2m+1$。举一个含 4 个变量的响应面法样本点布置为例，所有样本点如表 2.3 所列。可以发现，角点试验次数为 16；均值点试验次数为 1；轴点试验次数为 8，总试验次数为 25 次。

**表 2.3　4 变量的响应面法样本点布置**

**Table 2.3　The distribution of sampling points in Response Surface Method with 4 variables**

| 编号 | $z_1$ | $z_2$ | $z_3$ | $z_4$ | 备注 |
|---|---|---|---|---|---|
| 1 | 1 | 1 | 1 | 1 | |
| 2 | 1 | 1 | 1 | −1 | |
| 3 | 1 | 1 | −1 | 1 | |
| 4 | 1 | 1 | −1 | −1 | |
| 5 | 1 | −1 | −1 | −1 | |
| 6 | 1 | −1 | 1 | −1 | |
| 7 | 1 | −1 | −1 | 1 | |
| 8 | 1 | −1 | 1 | 1 | 角点 |
| 9 | −1 | 1 | −1 | 1 | |
| 10 | −1 | −1 | 1 | −1 | |
| 11 | −1 | −1 | 1 | 1 | |
| 12 | −1 | −1 | −1 | 1 | |
| 13 | −1 | 1 | 1 | −1 | |
| 14 | −1 | 1 | −1 | −1 | |
| 15 | −1 | −1 | −1 | −1 | |
| 16 | −1 | 1 | 1 | 1 | |
| 17 | 0 | 0 | 0 | 0 | 均值点 |
| 18 | 2 | 0 | 0 | 0 | |
| 19 | −2 | 0 | 0 | 0 | |
| 20 | 0 | 2 | 0 | 0 | |
| 21 | 0 | −2 | 0 | 0 | 轴点 |
| 22 | 0 | 0 | 2 | 0 | |
| 23 | 0 | 0 | −2 | 0 | |
| 24 | 0 | 0 | 0 | −2 | |
| 25 | 0 | 0 | 0 | 2 | |

为获取式(2.8)或式(2.9)，一般分为三个步骤：

①建立一个关于因变量 $y$ 和自变量 $z_1$，$z_2$，…，$z_n$ 的关系，即响应值和影响因素；

②确定回归系数，通过假设检验和方差分析等方法，获取特定变量情况下的回归方程；

③优化处理，为满足实际需求，在特定影响区域内获取最大或最小响应值。

## 2.2.2　非共线性矩阵的样本点布置

表 2.3 中 4 个变量的“1”，“－1”，“2”，“－2”和“0”指的是编码变量。不管变量为多少个，均值点和角点编码“1”，“－1”和“0”是不会变化的，而轴点编码“2”和“－2”则根据变量多少来确定其大小，由下列公式计算

$$\chi = \sqrt[4]{2^{m}} \tag{2.10}$$

其中，$\chi$ 为轴点长度，也称为轴点编码值，指的是设计的轴点样本取值大小与均值点的距离(长度)。

通过表 2.3 我们可以发现，如果只考虑一阶模型(公式 2.8)，$\sum_{j=1}^{N} z_j = 0$，并且 $\sum_{i \neq j} z_i z_j = 0$，也就是说一阶模型的试验矩阵满足正交性，这样的情况下可使得回归函数的残差最小，残差和趋近于 0。

但是当把二次项和交互项考虑进来时，也就是在二阶模型情况下，显然，$\sum_{i \neq j} z_i^2 z_j \neq 0$，或者 $\sum_{i \neq j} z_i z_j^2 \neq 0$。也就是说，二阶模型的试验矩阵无法满足正交性，可能获取的回归函数残差就变大，回归函数就不太理想。因此，为了构造一个二阶模型也满足正交性，可改变轴点长度来满足此要求。在二阶正交试验设计法(Second Orthalgy Experimental Design, SOED)，以下简称为 SOED 设计中，我们改变轴点长度，来获取一个二次项也正交的二阶正交模型设计矩阵。如图 2.3，描述了一个含 3 变量的二阶正交设计样本点布置情况。

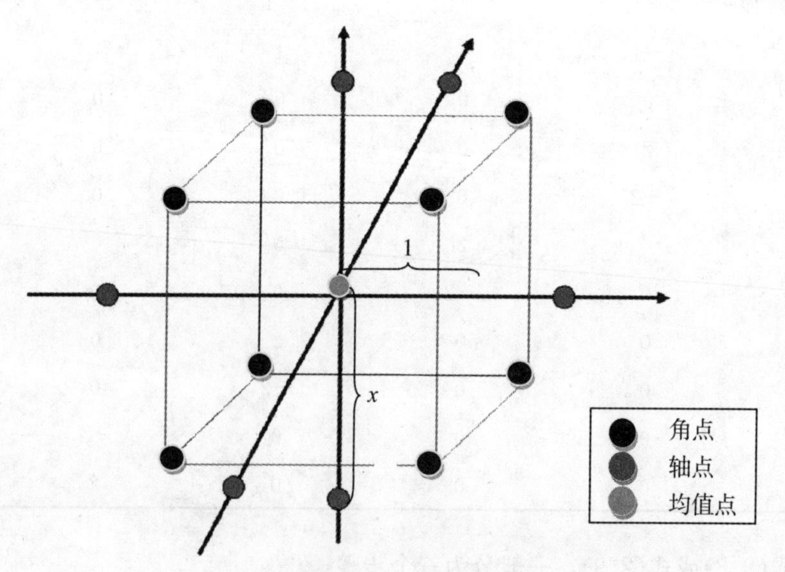


**图 2.3　含 3 变量的 SOED 设计样本点布置**

**Fig. 2.3　Distribution of design points of the SOED with three variables**

## 2.2.3　轴点长度确定

为了获取一个合理 $\chi$ 值，首先需要对整个平方项中心化，即满足

$$z'_{ij}=z_{ij}^2-\frac{1}{N}\sum_{i=1}^{N}z_{ij}^2=z_{ij}^2-\frac{(m_c+2\chi^2)}{N_a} \tag{2.11}$$

其中 $z'_{ij}$ 为中心化的平方项；$z_{ij}$ 指的是一次项；$N_a$ 是试验设计的总次数。要满足二次平方项的正交性，那么存在

$$\sum_{i=1}^{N}z'_i z'_j=0 \tag{2.12}$$

将公式(2.12)带入公式(2.11)，得到

$$m_c-\frac{(m_c+2\chi^2)^2}{N_a}=-\frac{4}{N_a}\left[\chi^4+m_c\chi^2-\frac{1}{2}m_c\left(m+\frac{1}{2}m_0\right)\right]=0 \tag{2.13}$$

其中，$m_0$ 指的是均值点的试验次数，通常情况下只跑一次；$m_c$ 指的是角点的试验次数；$m$ 指代变量个数。将公式(2.13)求解可得到新的轴点长度为

$$\chi=\sqrt{\frac{\sqrt{(m_c+2m+m_0)m_c}-m_c}{2}} \tag{2.14}$$

假设 $m=4$，且析因设计采用$\frac{1}{2}$实施，因而，角点设计次数 $m_c$是 $2^{4-1}=8$。而试验总次数 $N_a$ 为 $2^m+2m+1$ 为 17 次。通过公式(2.14)，可计算得到 $\chi$ 等于 1.353。含有 4 个变量的二阶正交设计矩阵如表 2.4 所示。

**表 2.4　4 变量的二阶正交设计样本点布置**

**Table 2.4　Design matrix in SOED with four variables ($m=4$)**

| 序号 | $z_1$ | $z_2$ | $z_3$ | $z_4$ | $z_1z_2$ | $z_1z_3$ | $z_1z_4$ | $z_2z_3$ | $z_2z_4$ | $z_3z_4$ | $z_1'$ | $z_2'$ | $z_3'$ | $z_4'$ |
|---|---|---|---|---|---|---|---|---|---|---|---|---|---|---|
| 1 | 1 | 1 | 1 | 1 | 1 | 1 | 1 | 1 | 1 | 1 | $0.53-0.118\chi^2$ | $0.53-0.118\chi^2$ | $0.53-0.118\chi^2$ | $0.53-0.118\chi^2$ |
| 2 | 1 | 1 | −1 | −1 | 1 | −1 | −1 | −1 | −1 | 1 | $0.53-0.118\chi^2$ | $0.53-0.118\chi^2$ | $0.53-0.118\chi^2$ | $0.53-0.118\chi^2$ |
| 3 | 1 | −1 | 1 | −1 | −1 | 1 | −1 | −1 | 1 | −1 | $0.53-0.118\chi^2$ | $0.53-0.118\chi^2$ | $0.53-0.118\chi^2$ | $0.53-0.118\chi^2$ |
| 4 | 1 | −1 | −1 | 1 | −1 | −1 | 1 | 1 | −1 | −1 | $0.53-0.118\chi^2$ | $0.53-0.118\chi^2$ | $0.53-0.118\chi^2$ | $0.53-0.118\chi^2$ |
| 5 | −1 | 1 | 1 | −1 | −1 | −1 | 1 | 1 | −1 | −1 | $0.53-0.118\chi^2$ | $0.53-0.118\chi^2$ | $0.53-0.118\chi^2$ | $0.53-0.118\chi^2$ |
| 6 | −1 | 1 | −1 | 1 | −1 | 1 | −1 | −1 | 1 | −1 | $0.53-0.118\chi^2$ | $0.53-0.118\chi^2$ | $0.53-0.118\chi^2$ | $0.53-0.118\chi^2$ |
| 7 | −1 | −1 | 1 | 1 | 1 | −1 | −1 | −1 | −1 | 1 | $0.53-0.118\chi^2$ | $0.53-0.118\chi^2$ | $0.53-0.118\chi^2$ | $0.53-0.118\chi^2$ |
| 8 | −1 | −1 | −1 | −1 | 1 | 1 | 1 | 1 | 1 | 1 | $0.53-0.118\chi^2$ | $0.53-0.118\chi^2$ | $0.53-0.118\chi^2$ | $0.53-0.118\chi^2$ |
| 9 | $\chi$ | 0 | 0 | 0 | 0 | 0 | 0 | 0 | 0 | 0 | $1.118\chi^2-0.53$ | $-0.118\chi^2-0.47$ | $-0.118\chi^2-0.47$ | $-0.118\chi^2-0.47$ |
| 10 | $-\chi$ | 0 | 0 | 0 | 0 | 0 | 0 | 0 | 0 | 0 | $1.118\chi^2-0.53$ | $-0.118\chi^2-0.47$ | $-0.118\chi^2-0.47$ | $-0.118\chi^2-0.47$ |
| 11 | 0 | $\chi$ | 0 | 0 | 0 | 0 | 0 | 0 | 0 | 0 | $-0.118\chi^2-0.47$ | $1.118\chi^2$ | $-0.118\chi^2-0.47$ | $-0.118\chi^2-0.47$ |
| 12 | 0 | $-\chi$ | 0 | 0 | 0 | 0 | 0 | 0 | 0 | 0 | $-0.118\chi^2-0.47$ | $1.118\chi^2$ | $-0.118\chi^2-0.47$ | $-0.118\chi^2-0.47$ |
| 13 | 0 | 0 | $\chi$ | 0 | 0 | 0 | 0 | 0 | 0 | 0 | $-0.118\chi^2-0.47$ | $-0.118\chi^2-0.47$ | $1.118\chi^2$ | $-0.118\chi^2-0.47$ |
| 14 | 0 | 0 | $-\chi$ | 0 | 0 | 0 | 0 | 0 | 0 | 0 | $-0.118\chi^2-0.47$ | $-0.118\chi^2-0.47$ | $1.118\chi^2$ | $-0.118\chi^2-0.47$ |
| 15 | 0 | 0 | 0 | $\chi$ | 0 | 0 | 0 | 0 | 0 | 0 | $-0.118\chi^2-0.47$ | $-0.118\chi^2-0.47$ | $-0.118\chi^2-0.47$ | $1.118\chi^2$ |
| 16 | 0 | 0 | 0 | $-\chi$ | 0 | 0 | 0 | 0 | 0 | 0 | $-0.118\chi^2-0.47$ | $-0.118\chi^2-0.47$ | $-0.118\chi^2-0.47$ | $1.118\chi^2$ |
| 17 | 0 | 0 | 0 | 0 | 0 | 0 | 0 | 0 | 0 | 0 | $-0.118\chi^2-0.47$ | $-0.118\chi^2-0.47$ | $-0.118\chi^2-0.47$ | $-0.118\chi^2-0.47$ |

采用 2.1.2 节所归纳的方法，对表 2.4 构建的四因素非共线性矩阵进行共线性检测。当自变量之间存在着共线性或者多重共线性问题时，传统的回归方法是无法获取可靠的回归系数的。

## 2.3 处理共线性问题的回归方法

当自变量之间存在着共线性或者多重共线性问题时，传统的回归方法是无法获取可靠的回归系数的。比如，采用最小二乘法(ordinary least square，OLS)回归往往会得到一个低偏差且方差很大的回归方程[130]。为了提高回归模型的精度且更好克服共线性问题，Tibshirani[131]提出了最小绝对压缩和变量选择机器(Least absolute shrinkage and selection operator，LASSO)，也称为套索回归。该方法是基于 Breiman's Nonnegative Garrote 原理提出的，其基本思想是在回归时设定一个回归系数的绝对值之和小于一个常数的约束条件，即构造一个罚函数，使得残差平方和最小化，从而能够对高度相关的变量的回归系数压缩为 0。该方法对于自变量之间存在共线性的情况下也可得到精确回归系数和回归模型[132]。

套索估计实际上是在岭回归法的基础上修订而来，由下式定义[131]：

$$\hat{\beta}_j^{LASSO}=\min_{\beta}\sum_{i=1}^{N}\left(y_i-\alpha-\sum_{j}\beta_j x_{ij}\right)^2,\text{服从}\sum_{j=1}^{p}|\beta_j|\leqslant t \tag{2.15}$$

其中，$t$ 指的是惩罚项，且 $t\geqslant 0$。LASSO 估计从 $t=0$ 开始然后逐步递增，$t$ 可通过交叉验证(Cross-validation)来确定。为便于理解，岭回归(ridge regression)用来和 LASSO 回归作比较，岭回归表达式如下：

$$f(\beta_j)=\sum_{i=1}^{N}\left(y_i-\alpha-\sum_{j=1}^{p}x_{ij}\beta_j\right)^2+\lambda\sum_{j=1}^{p}(\beta_j)^2 \tag{2.16}$$

其中，也是一个罚函数系数。比较式(2.15)和式(2.16)可以发现，LASSO 回归的约束项 $\sum_{j=1}|\beta_j|^p\leqslant t$ 中 $p$ 为 1；岭回归的约束项 $\sum_{j=1}|\beta_j|^p\leqslant t$ 中 $p$ 为 2 为平方项。LASSO 回归的约束项为“方形”，岭回归的约束项为“圆形”，如图 2.4 所示。很显然，岭回归为曲线边界，得到的系数为两个变量；而 LASSO 回归为线性边界，便于优化，从而得到的为一个变量，另一个变量被压缩为 0。这表明，LASSO 回归是一种压缩估计。

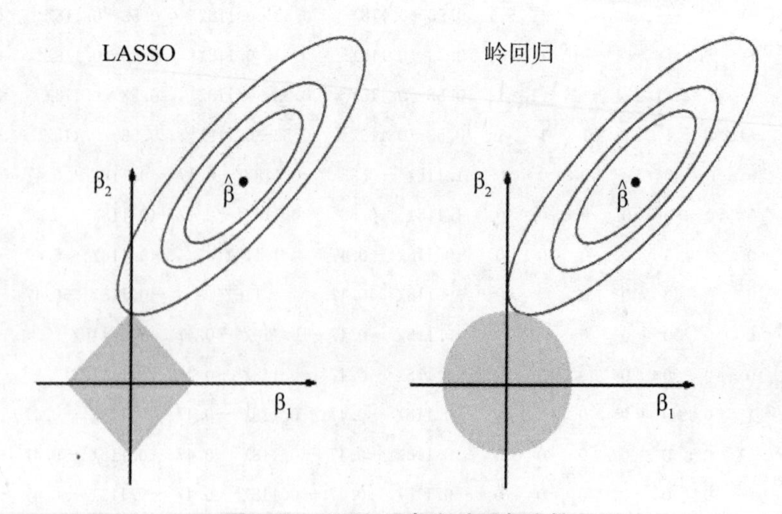


**图 2.4　LASSO 回归和岭回归比较**

**Fig. 2.4　Comparison of LASSO and ridge regression**

LASSO 回归的基本步骤如下：

①将设计矩阵标准化，使得其满足 $\frac{\sum_i x_{ij}}{N_a}=0$，$\frac{\sum_i x_{ij}^2}{N_a}=1$；

②通过最小二乘法获取上限值 $t$；

③对于 T$=i$，T∈(0，$t$)，计算对应的一系列回归系数和均方误差；

④计算回归方程的均方误差是否为最小；

⑤根据均方误差最小时的系数获取回归方程。

为描述形象，具体流程在图 2.5 详细描述。

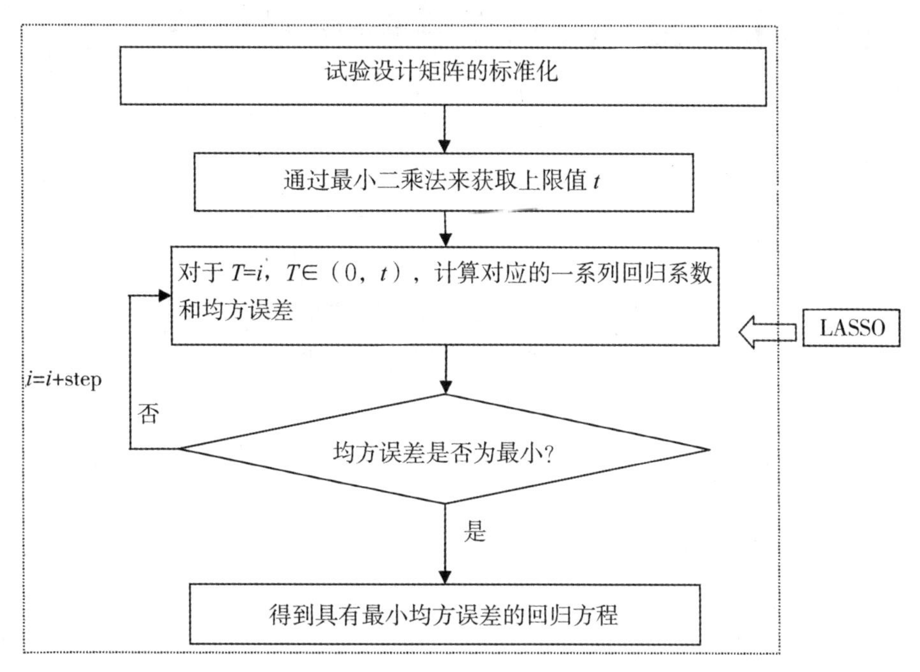


**图 2.5　LASSO 回归详细步骤**

**Fig. 2.5　The procedure of LASSO**

对于 $t$ 的取值，一般分步叠加算，当回归系数趋于稳定时，可断定回归系数是否确定好。如图 2.6 所示，为变化的 $t$ 时，回归系数的变化情况，可以发现 $t$ 越大，回归系数变化越大，且趋于 0，而 $t$ 很小时，回归系数趋于稳定。

## 2.4　本章小结

①随机变量共线性诊断有四种方法，即高度相关判断法、特征值法、方差膨胀因子法和容忍度法；

②首次对高阶回归项的共线性问题进行了研究，通过改变实验设计的轴点长度，构建了 SOED 设计矩阵。克服了共线性问题带来的回归系数难以获取难题，同时为响应面法样本点布置提供精确理论指导；

③针对响应面法设计矩阵中存在的共线性问题，提出了 LASSO 回归方法，该方法对于自变量之间存在共线性的情况下也可得到精确回归系数和回归模型。

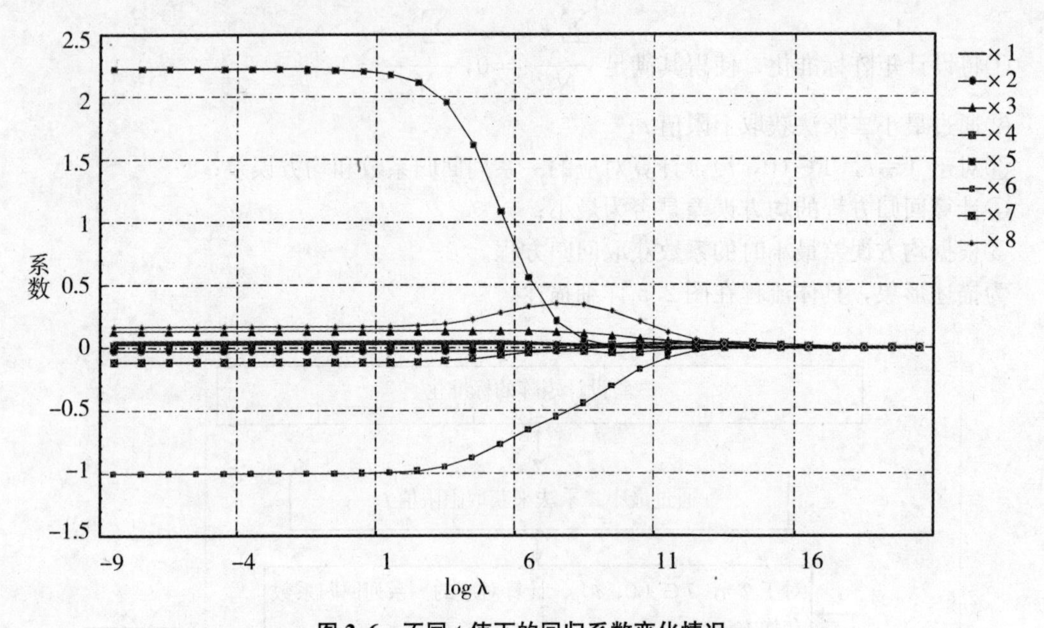


**图 2.6 不同 $t$ 值下的回归系数变化情况**

**Fig. 2.6 Regression coefficients with changing $t$**

# 第三章　基于 SOED 非共线性响应面法的滑坡可靠度分析

岩质边坡稳定性的影响因素较多时，要对其稳定性进行评价，计算过程相对繁杂。当结构功能函数为隐式函数时，一般采用响应面法来对功能函数进行构建，最后分析其可靠度。但当随机变量数量增加，计算工作量也随之大增。为了提高计算效率，第二章提出了基于高阶项正交原理，通过改变轴点长度，构建了满足一阶项和二阶项正交的样本设计矩阵；本章结合方差分析(analysis of variance，ANOVA)与 SOED 组合了一种改进的响应面法，并将其应用于考虑地震荷载下的带张裂缝平面剪切滑坡稳定性分析中，以提高可靠度分析效率及精度。

## 3.1　引言

岩质边坡破坏模式根据滑面的形状，可分为平面剪切滑动和旋转剪切滑动。其中平面剪切滑动的特点是岩块沿着平面移动，这种破坏由于这一平面上的抗剪力与边坡形状不相适应。这种滑动往往发生在地质软弱面的走向平行于坡面，产状向坡外倾斜的地方。

一般平面剪切滑动会由于岩体的张拉效应会引起坡顶后缘一定区域内出现张裂缝，而裂缝的位置和深度决定着边坡是否安全[111]。李典庆等[111]对带张裂缝的岩质边坡可靠度进行了研究，结合概率故障树模型并采用重要抽样方法对体系失效概率进行了估算，认为岩质边坡可靠度受边坡张裂缝中裂隙水深度及其位置的影响最大。

另外，地震荷载等外部因素也会影响岩质边坡稳定性。因此，边坡可靠度应当综合考虑地震荷载和坡顶裂缝等因素[111,133−136]。将张裂缝深度和地震荷载也考虑为随机变量来研究滑坡稳定性具有重要研究价值。

根据 Guan 和 Melchers 研究，传统响应面法的样本点布置由于缺乏精确的理论指导，计算结果可能存在局部最优解，而不是全局解[126]。另外一方面，当设计矩阵存在共线性问题或多重共线性问题时，回归系数的获取将被严重影响，模型估计失真或难以估计准确，回归方程获取的拟合值将与实际值的差距很大，即方差很大[124]。

如本文第二章所述，构建了高阶项正交的实验设计矩阵，根据共线性定义，基于 SOED 的实验设计矩阵的 VIF 肯定小于 10，因而为非共线性实验设计矩阵。将基于 SOED 的实验设计矩阵与 ANOVA 结合，在处理共线性问题同时，也为传统响应面法样本点取值提供重要参考。

## 3.2 基于 SOED 的响应面方法

### 3.2.1 编码变量与自然变量的转化

轴点长度可根据公式(2.14)确定，则角点与轴点的距离为：

$$\Delta_j = \frac{x_{j\gamma} - x_{j0}}{\chi} \tag{3.1}$$

其中 $x_{j\gamma}$ 是自然变量的上轴点水平，$x_{j0}$ 是自然变量的均值点水平。

自然变量与编码变量的转化存在如下关系：

$$z_j = \frac{x_j - x_{j0}}{\Delta_j} \tag{3.2}$$

如表 3.1 所示，$-\chi$，$-1$，0，1 和 $\chi$ 都是编码变量点，自然变量需根据编码变量的特定组合来获取一系列对应的响应值。详细转化如表 3.1 所列。

**表 3.1 样本点的编码过程**

**Table 3.1 Encoding of the sampling points**

| 编码变量 $z_j$ | 自然变量 $x_j$ | | | |
|---|---|---|---|---|
| | $x_1$ | $x_2$ | … | $x_j$ |
| 上轴点 $\chi$ | $x_{1\chi}$ | $x_{2\chi}$ | … | $x_{j\chi}$ |
| 上角点 1 | $x_{12}=x_{10}+\Delta_1$ | $x_{22}=x_{20}+\Delta_2$ | … | $x_{j2}=x_{j0}+\Delta_j$ |
| 均值点 0 | $x_{10}$ | $x_{20}$ | … | $x_{i0}$ |
| 下角点 $-1$ | $x_{11}=x_{10}-\Delta_1$ | $x_{21}=x_{20}-\Delta_2$ | … | $x_{j1}=x_{j0}-\Delta_j$ |
| 下轴点 $-\chi$ | $x_{-1\chi}$ | $x_{-2\chi}$ | … | $x_{-j\chi}$ |
| 距离 $\Delta_j$ | $\Delta_1$ | $\Delta_2$ | … | $\Delta_m$ |

### 3.2.2 回归方程

待每个响应值都获取后，需对回归方程的每项系数进行获取。首先，常数项即响应值的平均值，即

$$\omega = \frac{1}{n}\sum_{i=1}^{n} y_i = \bar{y} \tag{3.3}$$

一阶项回归系数 $\eta_j$ 为

$$\eta_j = \frac{\sum_{i=1}^{n} z_{ji} y_i}{\sum_{i=1}^{n} z_{ji}^2} \tag{3.4}$$

交互项回归系数 $\eta_{kj}$ 为

$$\eta_{kj}=\frac{\sum_{i=1}^{n}(z_k z_j)_i y_i}{\sum_{i=1}^{n}(z_k z_j)_i^2} \tag{3.5}$$

平方项的回归系数 $\eta_{jj}$ 为

$$\eta_{jj}=\frac{\sum_{i=1}^{n}(z'_{ji})y_i}{\sum_{i=1}^{n}(z'_{ji})^2} \tag{3.6}$$

### 3.2.3　方差分析

方差分析(analysis of variance，ANOVA)是一种采用数理统计模型及相关方法用来分析组间差异的回归分析工具。方差分析最基本的形式是：ANOVA 提供一个有几个组的平均值相等的统计测试，并进一步将 $t$ 检验推广到两组以上。方差分析属于数理统计范畴，一般采用很多软件，如 SPSS 等可直接得到统计分析表，其相关计算步骤如下。

首先，需计算出总平方和 $SS_T$，其基本定义即响应值与响应平均值的平方和，即

$$SS_T=\sum_{i=1}^{n}(y_i-\bar{y})^2=\sum_{i=1}^{n}y_i^2=\frac{1}{n}\Big(\sum_{i=1}^{n}y_i\Big)^2 \tag{3.7}$$

总平方和 $SS_T$ 自由度，$\mathrm{d}f_{\mathrm{T}}=n-1$.

一阶项回归平方和为：

$$SS_j=b_j^2\sum_{i=1}^{n}z_{ji}^2 \tag{3.8}$$

交互项回归平方和为：

$$SS_{kj}=b_{kj}^2\sum_{i=1}^{n}(z_k z_j)_i{}^2 \tag{3.9}$$

二阶项回归平方和为：

$$SS_{jj}=b_{jj}^2\sum_{i=1}^{n}(z'_{ji})^2 \tag{3.10}$$

一阶项、交互项和二阶项的回归平方和自由度均为 1.

一阶项、交互项和二阶项的回归平方和总和：

$$SS_R=\sum SS_j+\sum SS_{kj}+\sum SS_{jj} \tag{3.11}$$

一阶项、交互项和二阶项的回归平方和总自由度：

$$\mathrm{d}f_R=\sum \mathrm{d}f_{\text{first-order}}+\sum \mathrm{d}f_{\text{cross-term}}+\sum \mathrm{d}f_{\text{second-order}} \tag{3.12}$$

其中，$\mathrm{d}f_{\text{first-order}}=1$，$\mathrm{d}f_{\text{cross-term}}=1$ 和 $\mathrm{d}f_{\text{second-order}}=1$。

总误差平方和为：

$$SS_e=SS_T-SS_R \tag{3.13}$$

其对应的自由度：

$$\mathrm{d}f_e=\mathrm{d}f_T-\mathrm{d}f_R \tag{3.14}$$

每项的独立回归系数统计量为

$$F_j = \frac{MS_j}{MS_e} = \frac{SS_j}{SS_e/\mathrm{d}f_e} \tag{3.15}$$

$$F_{kj} = \frac{MS_{kj}}{MS_e} = \frac{SS_{kj}}{SS_e/\mathrm{d}f_e} \tag{3.16}$$

$$F_{jj} = \frac{MS_{jj}}{MS_e} = \frac{SS_{jj}}{SS_e/\mathrm{d}f_e} \tag{3.17}$$

### 3.2.4　可靠度指标 $\boldsymbol{\beta}_{\mathrm{RI}}$ 的计算

可靠度指标由 Haosfer 和 Lind 提出[16,17,137]，指的是自然变量在转换空间内与极限状态函数之间的最短距离。它可以通过下式定义

$$\left.\begin{aligned} &\min\beta_{RI} = \|\mathbf{Y}\| = \sqrt{\mathbf{Y}^T\mathbf{Y}} = \sqrt{\sum_{j=1}^{n}\left[\frac{(z_j-\mu_j)}{\sigma_j}\right]^2}, \\ &s.\ t.\begin{cases} G'(z)=0 \\ z_{\min} \leqslant z_j \leqslant z_{\max} \quad j=1,\ 2,\ \cdots,\ n \end{cases} \end{aligned}\right\} \tag{3.18}$$

其中 $z_j$ 为自然变量，$\mu$ 和 $\sigma$ 分别指的是自然变量的均值和标准差；Y 指的是标准化的矢量；$G'(x)$ 指的是极限状态函数。

为获取可靠度指标，采用了 MATLAB 进行编程并调用其优化工具箱的 fmincon 函数，得到精确的可靠度指标值。一旦获取了可靠度指标，其对应的失效概率就可以查表得到，或直接在 MATLAB 中输出。人们对可靠度指标与失效概率及其期望功能水平进行了分类[137]，如表 3.2 所示。

**表 3.2　失效概率与可靠度指标关系**

**Table 3.2　Target reliability indices**

| 失效概率 $P_f$ | 可靠度指标 $\beta_{\mathrm{RI}}$ | 期望功能水平 |
|---|---|---|
| 0.16 | 1 | 灾难性 |
| 0.07 | 1.5 | 不满足 |
| 0.023 | 2 | 低劣 |
| 0.006 | 2.5 | 较差 |
| 0.001 | 3 | 一般 |
| 0.00003 | 4 | 好 |
| 0.0000003 | 5 | 高质量 |

## 3.3　基于 SOED 的非线性响应面法步骤

基于 SOED 的新响应面法是一种有效的可靠度分析方法。如图 3.1 所示，描绘了基于 SOED 的非线性响应面法流程图。

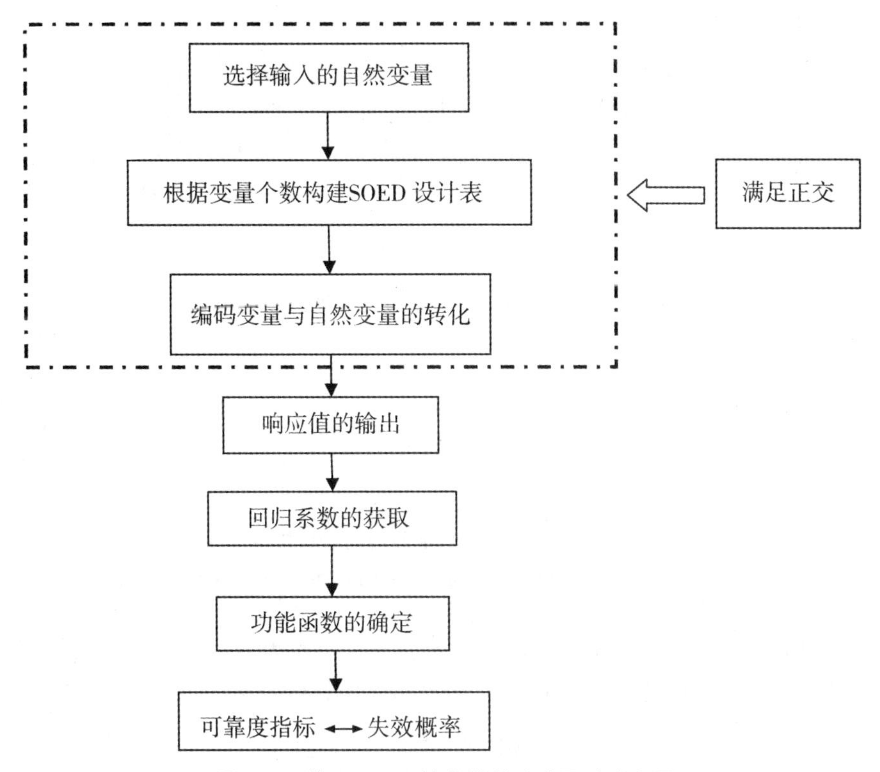


**图 3.1　基于 SOED 的非线性响应面法流程图**

**Fig. 3.1　Flow diagram of SOED-based RSM**

该新方法的主要步骤是：

步骤 1：确定随机变量的个数，根据式(2.14)计算轴点 χ 的长度。例如，影响边坡的主要影响因素包括摩擦角、内聚力和岩土材料的单位重量，当它们的变异性很大时，都可以作为输入变量。

步骤 2：根据所有变量需满足正交性，可以构造一阶项和二阶项都满足正交性的试验矩阵设计表。

步骤 3：根据构造的设计表，将编码变量的特定组合及取值获取相应的随机变量值。

步骤 4：根据 Bishop、Janbu 或者 Sarma 法计算响应值，岩质边坡需计算其安全系数。

步骤 5：用 ANOVA 方法对回归系数进行分析。

步骤 6：回归系数可以在回归系数确定后得到，并且可以根据极限状态函数($F_{min}=1$)获取功能函数。

步骤 7：根据式(3.18)获取失效概率和可靠度指标。

## 3.4 算例分析

如图 3.2 所示。为一带张裂缝的岩质边坡模型，边坡总高为 60m，坡面倾角 $\beta_s$ 为 50°，软弱滑面的倾角 $\beta_d$ 为 35°，岩体容重 $\gamma$ 为 26kN/m³。坡顶滑坡长度 $b$ 等于 $H(\cot\beta_d - \cot\beta_s)$，计算所得为 35.34m。

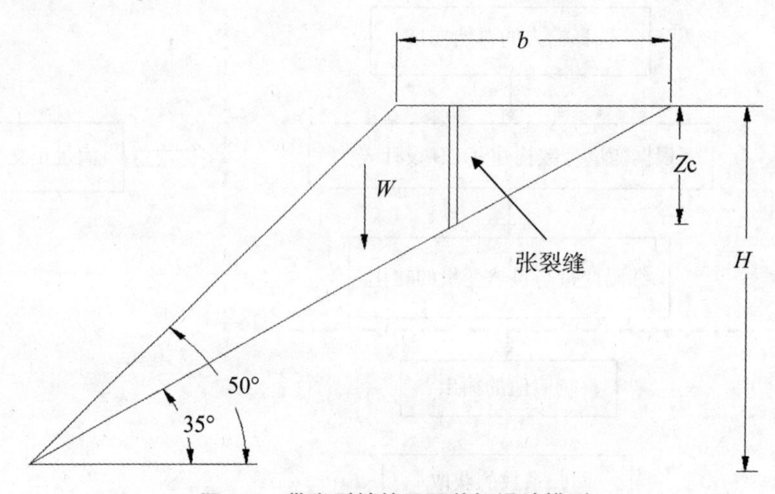


**图 3.2 带张裂缝的平面剪切滑坡模型**

**Fig. 3.2 A slope with a water-filled tension crack**

由于边坡岩体容重变异性多不大，此处只有黏聚力、内摩擦角、地震荷载系数和张裂缝深度为随机变量。主要假设分布类型和取值大小如表 3.3 所列和图 3.2 所示。

**表 3.3 边坡影响因子及假设分布类型**

**Table 3.3 Random variables in the model of slope**

| 变量 | 字母 | 平均值 | 标准差 | 分布类型 |
|---|---|---|---|---|
| 节理面摩擦角 | $z_1$ | $\varphi=35°$ | ±5 | 正态 |
| 节理面黏聚力 | $z_2$ | $c=10\text{kN/m}^2$ | ±2 | 正态 |
| 张裂缝深度 | $z_3$ | $z_c=14\text{m}$ | ±3 | 正态 |
| 水平方向地震荷载系数 | $z_4$ | $\alpha=0.08$ | ±0.013 | 正态 |

边坡安全系数作为输出响应值，其表达式为

$$F=\frac{cA+W(\cos\beta_d-\alpha_s\sin\beta_d)\tan\varphi}{W(\sin\beta_d+\alpha_s\cos\beta_d)} \tag{3.19}$$

其中，$A=\dfrac{H-z}{\sin\beta_d}$，$W=\dfrac{\gamma H^2}{2}\left[\left(1-\dfrac{z^2}{H^2}\right)\cot\beta_d-\cot\beta_s\right]$。

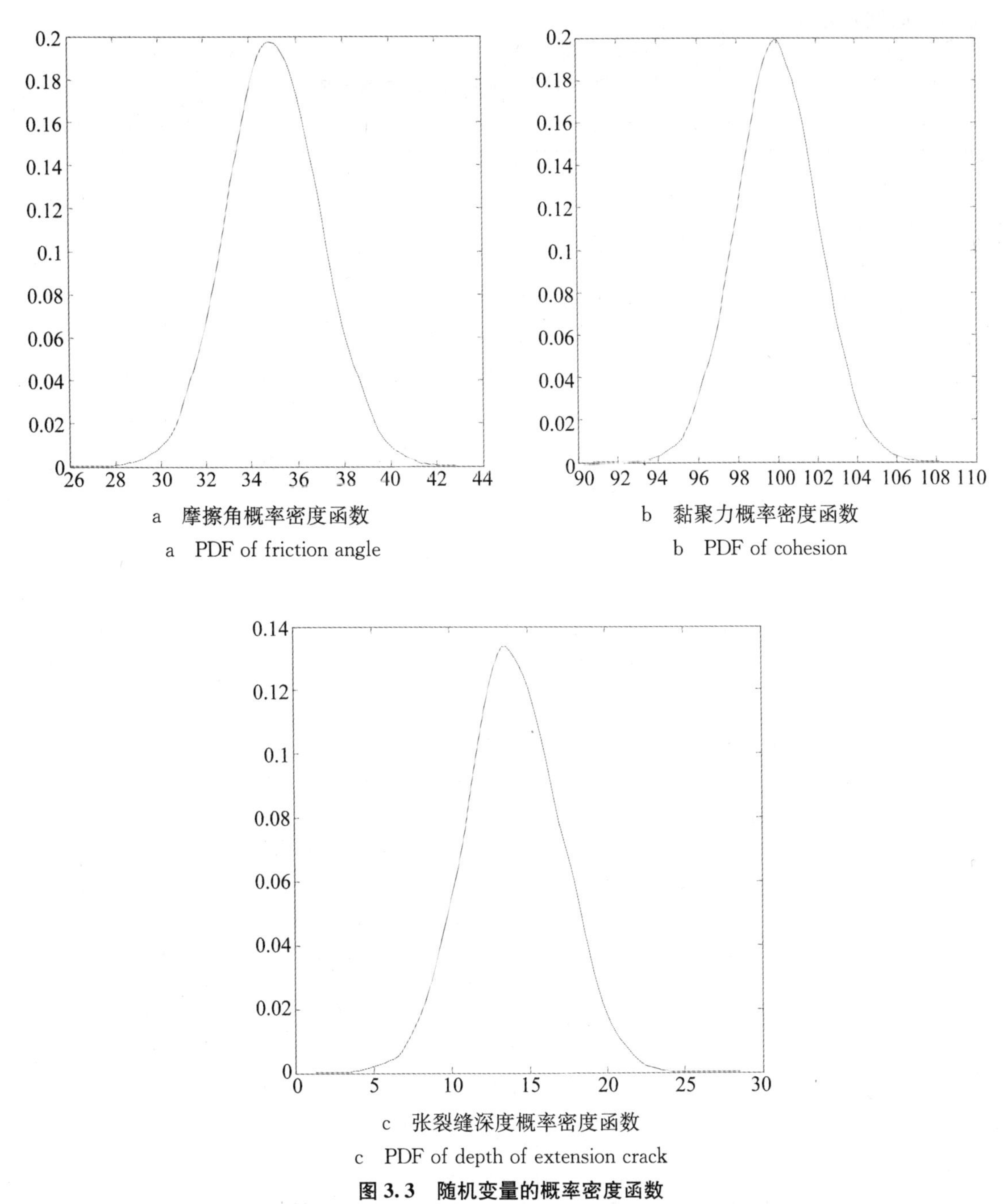


a　摩擦角概率密度函数

a　PDF of friction angle

b　黏聚力概率密度函数

b　PDF of cohesion

c　张裂缝深度概率密度函数

c　PDF of depth of extension crack

**图 3.3　随机变量的概率密度函数**

**Fig. 3.3　Probability density function of different variables**

## 3.4.1　基于 SOED 非共线性响应面法计算结果

既然只考虑四个随机变量，即 $m=4$，根据公式(2.14)，可以计算轴点 $\chi$ 是 1.353。根据正交原理可获取四因素的 SOED 试验矩阵。分别将内摩擦角($z_1$)、黏聚力($z_2$)、张裂缝深度($z_3$)和地震荷载系数($z_4$)四个随机变量根据实验设计表计算边坡的响应值，见表 3.4，然后获取回归方程。

**表 3.4 $\frac{1}{2}$实施情况下自然变量即其对应的响应值**

**Table 3.4 The values of variables and the corresponding response in Half-factorial design ($m$=4)**

| 试验序号 | $z_1$ | $z_2$ | $z_3$ | $z_4$ | Response variables $y(FS)$ |
|---|---|---|---|---|---|
| 1 | 46.08 | 14.43 | 20.65 | 0.108 | 1.26 |
| 2 | 46.08 | 14.43 | 7.35 | 0.052 | 1.41 |
| 3 | 46.08 | 5.57 | 20.65 | 0.052 | 1.36 |
| 4 | 46.08 | 5.57 | 7.35 | 0.108 | 1.21 |
| 5 | 23.92 | 14.43 | 20.65 | 0.052 | 0.65 |
| 6 | 23.92 | 14.43 | 7.35 | 0.108 | 0.58 |
| 7 | 23.92 | 5.57 | 20.65 | 0.108 | 0.54 |
| 8 | 23.92 | 5.57 | 7.35 | 0.052 | 0.60 |
| 9 | 50 | 10 | 14 | 0.08 | 1.49 |
| 10 | 20 | 10 | 14 | 0.08 | 0.49 |
| 11 | 35 | 16 | 14 | 0.08 | 0.93 |
| 12 | 35 | 4 | 14 | 0.08 | 0.87 |
| 13 | 35 | 10 | 23 | 0.08 | 0.90 |
| 14 | 35 | 10 | 5 | 0.08 | 0.90 |
| 15 | 35 | 10 | 14 | 0.119 | 0.83 |
| 16 | 35 | 10 | 14 | 0.041 | 0.97 |
| 17 | 35 | 10 | 14 | 0.08 | 0.89 |

根据表 3.4，对其中变量进行首先方差分析。首先，由式(3.7)需计算出总平方和 $SS_T$，然后根据式(3.8)、式(3.9)和式(3.10)对一阶项、交互项和二阶项求取回归平方和。最后根据式(3.11)～式(3.17)进行方差比较和变量选择。计算结果如表 3.5 所列。

**表 3.5 所有项的方差分析**

**Table 3.5 Analysis of variance with all terms**

| 变量 | 方差和 | 自由度 | 均方 | $F_0$ | 对比 $F_{0.1}(1, 2)$/ $F_{0.1}(14, 2)$ |
|---|---|---|---|---|---|
| $x_1$ | 1.537 | 1 | 1.537 | 9183.926 | $>F_{0.1}(1, 2)$ |
| $x_2$ | 0.007 | 1 | 0.007 | 40.523 | $<F_{0.1}(1, 2)$ |
| $x_3$ | 0.000 | 1 | 0.000 | 0.205 | $<F_{0.1}(1, 2)$ |
| $x_4$ | 0.032 | 1 | 0.032 | 190.355 | $>F_{0.1}(1, 2)$ |
| $x_1x_2$ | 0.000 | 1 | 0.000 | 0.000 | $<F_{0.1}(1, 2)$ |

续表

| 变量 | 方差和 | 自由度 | 均方 | $F_0$ | 对比 $F_{0.1}(1, 2)$/ $F_{0.1}(14, 2)$ |
|---|---|---|---|---|---|
| $x_1x_3$ | 0.000 | 1 | 0.000 | 0.299 | $<F_{0.1}(1, 2)$ |
| $x_1x_4$ | 0.004 | 1 | 0.004 | 24.206 | $<F_{0.1}(1, 2)$ |
| $x_2x_3$ | 0.004 | 1 | 0.004 | 24.206 | $<F_{0.1}(1, 2)$ |
| $x_2x_4$ | 0.000 | 1 | 0.000 | 0.299 | $<F_{0.1}(1, 2)$ |
| $x_3x_4$ | 0.000 | 1 | 0.000 | 0.000 | $<F_{0.1}(1, 2)$ |
| $x_1'$ | 0.017 | 1 | 0.017 | 102.176 | $>F_{0.1}(1, 2)$ |
| $x_2'$ | 0.000 | 1 | 0.000 | 0.072 | $<F_{0.1}(1, 2)$ |
| $x_3'$ | 0.000 | 1 | 0.000 | 0.072 | $<F_{0.1}(1, 2)$ |
| $x_4'$ | 0.000 | 1 | 0.000 | 0.072 | $<F_{0.1}(1, 2)$ |
| 和 | 1.60056 | 14 | 0.1143 | 69.288 | $>F_{0.1}(14, 2)$ |
| 残差 | 0.00033 | 2 | 0.00165 | | |
| 总和 | 1.6009 | $n-1=16$ | | | |

注：$F_{0.1}(1, 2)=8.53$，$F_{0.05}(1, 2)=18.51$，$F_{0.1}(14, 2)=19.42$

根据表 3.5 和式(3.3)—(3.6)，可获得回归方程如下

$$G(x)_{SOED}=0.933+0.3630z_1+0.0241z_2+0.0017z_3-0.0523z_4-0.0025z_1z_3-0.0225z_1z_4-0.0225z_2z_3-0.0025z_2z_4+0.0505z_1'+0.0013z_2'+0.0013z_3'+0.0013z_4' \tag{3.20}$$

一些系数的显著性可能较小，可通过显著性比较来选取回归系数。表 3.6 所列为显著性较大的筛选变量。

对比表 3.5 和表 3.6 可知，单四个影响因素(随机变量)而言，影响边坡稳定性最显著因素为滑面的内摩擦角，其次是地震荷载系数，然后是黏聚力，最后为拉裂缝深度。

考虑交互项和二次项，影响显著性大小为：内摩擦角>地震荷载系数>内摩擦角平方项>黏聚力>拉裂缝深度与黏聚力交互项。

**表 3.6　筛选变量后的方差分析**

**Table 3.6　Analysis of variance with selected variables**

| 变量 | 平方和 | 自由度 | 均方 | $F_0$ | 对比 $\frac{F_{0.1}(1, 2)}{F_{0.1}(14, 2)}$ |
|---|---|---|---|---|---|
| $x_1$ | 1.537 | 1 | 1.537 | 51233.33 | $>F_{0.1}(1, 6)$ |
| $x_2$ | 0.007 | 1 | 0.007 | 233.3333 | $>F_{0.1}(1, 6)$ |
| $x_4$ | 0.032 | 1 | 0.032 | 1066.667 | $>F_{0.1}(1, 6)$ |
| $x_1x_4$ | 0.004 | 1 | 0.004 | 133.3333 | $>F_{0.1}(1, 6)$ |
| $x_2x_3$ | 0.004 | 1 | 0.004 | 133.3333 | $>F_{0.1}(1, 6)$ |
| $x_1'$ | 0.017 | 1 | 0.017 | 566.6667 | $>F_{0.1}(1, 6)$ |

续表

| 变量 | 平方和 | 自由度 | 均方 | $F_0$ | 对比 $\frac{F_{0.1}(1,2)}{F_{0.1}(14,2)}$ |
|---|---|---|---|---|---|
| 和 | 1.60056 | 6 | 0.2667 | 8892 | $>F_{0.1}(10,6)$ |
| 残差 | 0.00033 | 10 | 0.00003 | | |
| 总和 | 1.6009 | $n-1=16$ | | | |

注：$F_{0.1}(1,6)=3.78$，$F_{0.05}(1,6)=5.99$，$F_{0.1}(10,6)=2.94$

根据表 3.6，最终可获得显著性强的回归方程，为

$$G(x)_{SOED'}=0.933+0.3630z_1+0.0241z_2-0.0523z_4-0.0025z_1z_4-0.0025z_2z_3+0.0505z_1{}' \tag{3.21}$$

通过第二章的表 2.4 及式(3.1)和(3.2)，转化后含自然变量的回归方程为

$$G(x)_{SOED-N}=0.45+0.0088\varphi+0.0045c+0.0004z_c-1.222\alpha_s-0.00347\varphi\alpha_s-0.00004cz_c+0.00022\varphi^2 \tag{3.22}$$

边坡的功能函数可以根据回归方程和极限状态函数(即边坡安全系数为 $F_{\min}=1$)建立

$$G'(x)_{SOED}=G(x)_{SOED-N}-1$$

$$=-0.55+0.0088\varphi+0.0045c+0.0004z_c-1.222\alpha_s-0.00347\varphi\alpha_s-0.00004cz+0.00022\varphi^2 \tag{3.23}$$

根据式(3.18)，边坡可靠度指标为 0.39，失效点($\varphi$，$c$，$z_c$，$\alpha_s$)为(36.9294，10.0312，13.9747，0.0791)。根据表 3.1，可获取边坡失效概率为 34.71%。

### 3.4.2 采用传统响应面计算结果

传统响应面法的编码变量和根据组合转化的随机变量如表 3.7 所示。

表 3.7 算例的实验设计

Table 3.7 Experimental Design for the case study

| 试验序号 | 样本点类型 | $x_1$ | $x_2$ | $x_3$ | $x_4$ | $\varphi$ | $c$ | $z_c$ | $\alpha_s$ | 响应值 |
|---|---|---|---|---|---|---|---|---|---|---|
| 1 | −1 | 0 | 0 | 2 | 0 | 35 | 10 | 20 | 0.08 | 0.90 |
| 2 | 1 | −1 | −1 | 1 | −1 | 30 | 8 | 17 | 0.067 | 0.76 |
| 3 | 0 | 0 | 0 | 0 | 0 | 35 | 10 | 14 | 0.08 | 0.90 |
| 4 | 0 | 0 | 0 | 0 | 0 | 35 | 10 | 14 | 0.08 | 0.90 |
| 5 | 1 | −1 | −1 | 1 | 1 | 30 | 8 | 17 | 0.054 | 0.78 |
| 6 | 1 | 1 | 1 | 1 | 1 | 40 | 12 | 17 | 0.093 | 1.05 |
| 7 | 1 | 1 | −1 | 1 | −1 | 40 | 8 | 17 | 0.067 | 1.09 |
| 8 | 0 | 0 | 0 | 0 | 0 | 35 | 10 | 14 | 0.08 | 0.90 |
| 9 | 1 | 1 | −1 | −1 | 1 | 40 | 8 | 11 | 0.093 | 1.03 |
| 10 | 0 | 0 | 0 | 0 | 0 | 35 | 10 | 14 | 0.08 | 0.90 |

续表

| 试验序号 | 样本点类型 | $x_1$ | $x_2$ | $x_3$ | $x_4$ | $\varphi$ | $c$ | $z_c$ | $\alpha_s$ | 响应值 |
|---|---|---|---|---|---|---|---|---|---|---|
| 11 | 0 | 0 | 0 | 0 | 0 | 35 | 10 | 14 | 0.08 | 0.90 |
| 12 | 1 | 1 | 1 | 1 | −1 | 40 | 12 | 17 | 0.067 | 1.11 |
| 13 | −1 | 0 | 0 | 0 | −2 | 35 | 10 | 14 | 0.054 | 0.95 |
| 14 | −1 | 2 | 0 | 0 | 0 | 45 | 10 | 14 | 0.08 | 1.26 |
| 15 | 1 | −1 | 1 | 1 | 1 | 30 | 8 | 17 | 0.093 | 0.72 |
| 16 | 1 | 1 | −1 | −1 | −1 | 40 | 8 | 11 | 0.067 | 1.09 |
| 17 | 1 | 1 | 1 | −1 | 1 | 40 | 12 | 11 | 0.093 | 1.05 |
| 18 | −1 | 0 | −2 | 0 | 0 | 35 | 6 | 14 | 0.08 | 0.88 |
| 19 | −1 | −2 | 0 | 0 | 0 | 25 | 10 | 14 | 0.08 | 0.62 |
| 20 | −1 | 0 | 2 | 0 | 0 | 35 | 14 | 14 | 0.08 | 0.92 |
| 21 | 1 | −1 | 1 | −1 | −1 | 30 | 12 | 11 | 0.067 | 0.78 |
| 22 | 0 | 0 | 0 | 0 | 0 | 35 | 10 | 14 | 0.08 | 0.90 |
| 23 | 1 | −1 | 1 | 1 | −1 | 30 | 12 | 17 | 0.067 | 0.78 |
| 24 | 0 | 0 | 0 | 0 | 0 | 35 | 10 | 14 | 0.08 | 0.90 |
| 25 | 1 | −1 | 1 | −1 | 1 | 30 | 12 | 11 | 0.093 | 0.74 |
| 26 | 1 | −1 | −1 | −1 | 1 | 30 | 8 | 11 | 0.093 | 0.72 |
| 27 | −1 | 0 | 0 | 0 | 2 | 35 | 10 | 14 | 0.106 | 0.85 |
| 28 | −1 | 0 | 0 | −2 | 0 | 35 | 10 | 8 | 0.08 | 0.90 |
| 29 | 1 | 1 | 1 | −1 | −1 | 40 | 12 | 11 | 0.067 | 1.11 |
| 30 | 1 | 1 | −1 | 1 | 1 | 40 | 8 | 17 | 0.093 | 1.03 |
| 31 | 1 | −1 | −1 | −1 | −1 | 30 | 8 | 11 | 0.067 | 0.76 |

传统响应面功能函数为

$$G'(x)_{RSM}=59.52+2687.3\alpha_s^2+0.018c^2+c(-1.25+0.0003\varphi)-2.25\varphi+0.11\varphi^2+\alpha_s(-426.71-0.11c-0.19\varphi+0.064z)-1.41z-0.0008\varphi z+0.05z^2 \quad (3.24)$$

根据式(3.18)，边坡可靠度指标为 0.42，失效点($\varphi$，$c$，$z_c$，$\alpha_s$)为(37.8743，10.0417，13.9370，0.0786)。根据表 3.1，可获取边坡失效概率为 33.54%。另外，基于 SOED 的非线性响应面法所得回归方程残差接近于 0，因而拟合方程更为精确。如图 3.4 和 3.5 所示。

对比发现，基于 SOED 的非线性响应面法获取的拟合方程残差均值为 0，标准差为 0.06204，而基于传统响应面法获取的拟合方程残差的均值和标准差均大于基于 SOED 的非线性响应面法，可见基于 SOED 的非线性响应面法的回归方程残差相对集中，不怎么离散，回归方程拟合程度更高。另外，采用蒙特卡罗法对边坡失效概率进行估算，该算例边坡失效概率为 34.58%，因而基于 SOED 的非线性响应面法的计算结果更为精确。

基于 SOED 的非线性响应面法的不足之处是假设所有变量为互不相关，这限制了它的应用范围。

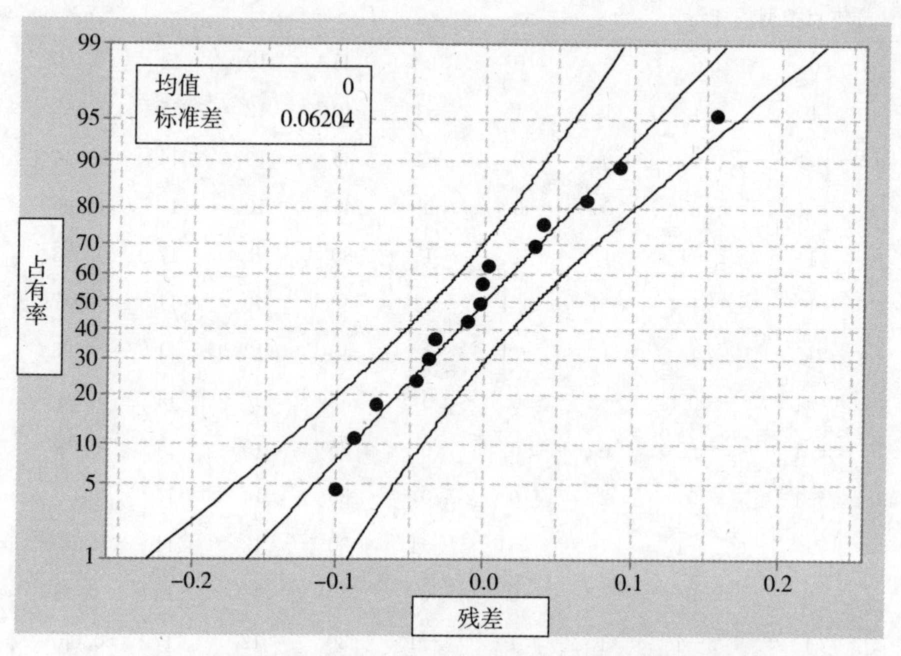


**图 3.4 基于 SOED 的非线性响应面法获取的拟合方程残差分布**

**Fig. 3.4 The errors between *F* obtained by true value and SOED-based RSM**

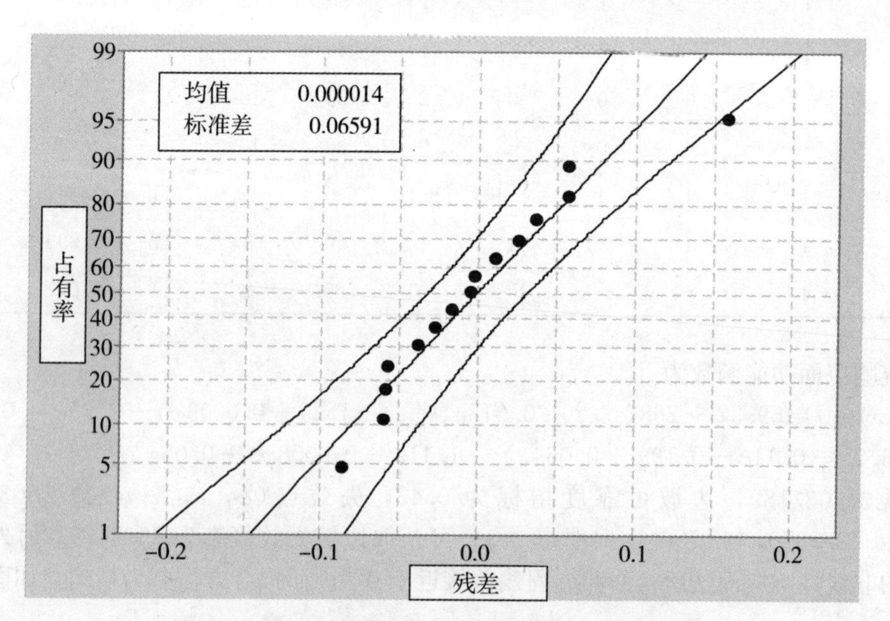


**图 3.5 基于传统响应面法获取的拟合方程残差分布**

**Fig. 3.5 The errors between *F* obtained by true value and classcical RSM**

## 3.5 本章小结

①提出组合 SOED 设计矩阵和 ANOVA 的响应面法，可为响应面法样本点取值提供重

要参考。

②通过基于SOED的非线性响应面法获取的回归方程的残差均值和标准差都比较小，拟合程度高于传统响应面法的回归方程。

③在假设随机变量不相关情况下，多个随机变量情况下岩质边坡稳定性影响因素最显著为滑面的内摩擦角，其次是地震荷载系数，然后是黏聚力，最后是张裂缝深度。

# 第四章　考虑多重共线性的改进响应面法旋转剪切边坡可靠度分析

第三章主要研究平面剪切滑坡，自然界中的滑坡有时候为旋转剪切滑坡，即滑动面不是平面而是弧形状。对于旋转剪切边坡可靠度分析，原则上只需改变响应值输出计算模型，第三章所提出的基于SOED的非线性响应面法是可以应用于分析旋转剪切边坡可靠度分析的，该方法前提条件是需假设随机变量为不相关。但根据国内外学者研究[140−144]，岩石(体)的内摩擦角和黏聚力是存在相关性的。

因而，为寻求更好的响应面方法，可在共线性回归方法着手。虽然均匀设计存在共线性问题，但只要采用合理的回归方法，就可以获取精确回归系数。此外，利用数论方法和超拉丁方理论而构建的均匀设计具有以下优点：(1)样本点可以覆盖所有的采样点且同时可以得到全局解；(2)实验的水平数可增加，如此可获取全局解。因而，很多学者提出了基于均匀设计的响应面法[128,129,145]，以此给响应面样本点布置提供有效理论依据。

本章在考虑参数的相关性基础上，再采用基于均匀设计的响应面法来研究旋转剪切边坡的可靠度。

## 4.1　引言

在均质泥岩或页岩岩石类型的边坡，容易产生近圆弧形滑面。另外，高度蚀变和风化的岩石倾向于圆弧形破坏模式。非均质岩石边坡中，滑面还受到层面和节理裂隙的影响，这时滑面是短折线组成的圆弧，近似对数螺旋线或其他形状。

极限平衡法是岩质边坡确定性方法的主要研究方向之一，根据极限状态下的力学平衡公式，可计算出较为准确的边坡安全系数。为了处理不确定性，不少学者将响应面法和极限平衡法结合来分析岩质边坡可靠度，比如苏永华等[59,146]，谭晓慧等[60]采用响应面法对边坡可靠度进行了分析。李典庆等[112]提出了极限平衡法和有限元法相结合的可靠度分析方法。该方法主要分为两步，首先将子集模拟和极限平衡法估算初步可靠度指标，然后组合响应调节法和有限元法进行细致的可靠度指标估计。作者认为对边坡高维可靠度问题较为适用。由于边坡计算的大部分极限平衡法需只满足三个平衡方程，而Zhou和Cheng[147]在二维极限平衡法的基础上拓展到三维，将滑块看作柱块，然后在力学平衡基础上添加力矩平衡方程，使得的计算更为严格，并将其应运用三维边坡稳定性分析，但没有将参数不确定性考虑进来。很显然，将三维严格极限平衡法与可靠度分析方法结合将更为严谨和高效。因此，本章将考虑在共线性问题基础上，提出均匀设计响应面法与LASSO回归组合，然后采用三维严格极限平衡法来输出响应值，可实现三维边坡可靠度分析。

## 4.2 均匀设计简介

响应面法的原理是，当极限状态函数没法用确切的表达式来表达时，就采用实验设计的方法建立起一个近似的关于随机变量与响应面函数关系式，并作为其极限状态函数。一般表达式可以分为两种类型，一种是简单的一次项类型；另外一种是包含二次项的类型。二次项是曲面函数的，采用二次项响应面函数计算出来的结果更为精确[148-149]，其详细表达式见第二章式(2.9)所示。

公式(2.9)的获取的基本步骤可大致概况为三大步：(1)采用实验设计方法对样本点进行实验并获取响应值；(2)采用回归方法获取一次项、交互项和二次项的回归系数；(3)将获取的近似函数与极限状态函数联合得到功能函数，并计算工程的失效概率。

一般实验设计方法采用中心复合设计来进行实验，它的基本表达式如下：

$$M=\begin{bmatrix} x_{11} & x_{12} & \cdots & x_{1j} \\ x_{21} & x_{22} & \cdots & x_{2j} \\ \cdots & \cdots & \cdots & \cdots \\ x_{q1} & x_{q2} & \cdots & x_{qj} \end{bmatrix} \tag{4.1}$$

实验设计矩阵 $M$ 在传统的响应面法中如果每个样本点都考虑进来，那么其实验总次数为 $j^q$。这样的实验如果采用数值模拟并且因素不多，工作量还不算多。但随着因素增加，其实验次数将呈几何倍数增长，显然耗费时间也相应增长，效率低下。而均匀设计作为一种近似蒙特卡罗方法，它是由方开泰和王元设计的[150,151]。均匀设计的基本特点是样本点都均匀分散，整齐可比，并且可减少试验次数。一般均匀设计根据其试验因素多少可得到特定的均匀设计表，采用 $U_r(q^j)$表示，其中 $r$ 为总试验运行次数；$j$ 表示试验因素多少；$q$ 代表水平，即取值大小。

均匀设计中所有可能的样本点组合被少量在空间内均匀分布的试验样本组合所取代。取一个 $U_6(6^6)$作为例子，即 6 因素 6 水平的均匀设计，其编码变量如表 4.1 所示。表中所列的是水平 $q$(即，每个输入变量所取值)的编码变量，自然变量需根据编码变量的组合来进行变换。

为助于理解，如图 4.1 所示，图 a、b 和 c 分别绘出了表 4.1 中第 3、4、5 列的均匀设计样本点布置示意图。我们可清晰发现，样本点具有均匀布置，整齐可比的特征。而同样的 6 因素 6 水平试验，其样本点布置如图 4.2 所示，采用蒙特卡罗法需要运行次数为 46656。显然，采用均匀设计的总实验次数和运行时间可大大减少。

**表 4.1　$U_6(6^6)$均匀设计表**

**Table 4.1　$U_6(6^6)$ uniform design table**

| j \ r | 1 | 2 | 3 | 4 | 5 | 6 |
|---|---|---|---|---|---|---|
| 1 | 1 | 2 | 3 | 4 | 5 | 6 |
| 2 | 2 | 4 | 6 | 1 | 3 | 5 |
| 3 | 3 | 6 | 2 | 5 | 1 | 4 |

续表

| j \ r | 1 | 2 | 3 | 4 | 5 | 6 |
|---|---|---|---|---|---|---|
| 4 | 4 | 1 | 5 | 2 | 6 | 3 |
| 5 | 5 | 3 | 1 | 6 | 4 | 2 |
| 6 | 6 | 5 | 4 | 3 | 2 | 1 |

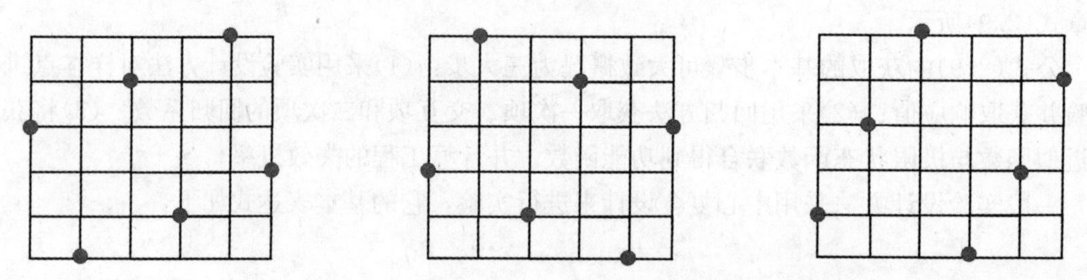

图 4.1 第 3、4、5 列的均匀设计样本点布置情况(来自表 4.1)

Fig. 4.1 Distribution of uniform design points from the third、fourth、and fifth columns in Table 4.1

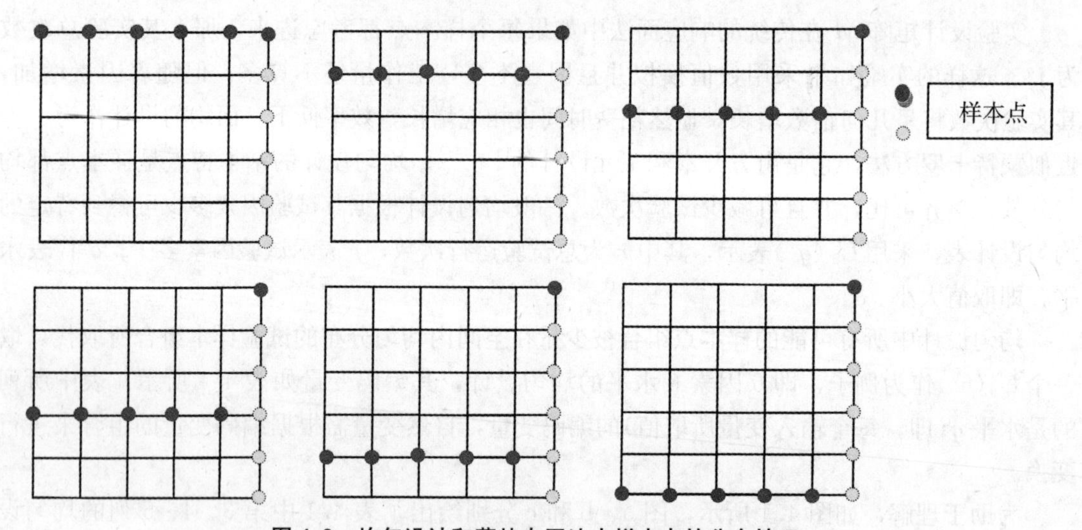


图 4.2 均匀设计和蒙特卡罗法中样本点的分布情况

Fig. 4.2 Layout forms of sampling points in UD (a, b, c) and MCS (A, B, C)

很显然，在不同试验因素情况下，可以得到多种均匀设计表，而如何选择最适合的设计表，就需要依靠中心偏差(centered $L_2$ - discrepancy)来选择。中心偏差的计算公式[151]

$$(CD(P))^2=\left(\frac{13}{12}\right)^s-\frac{2}{l}\sum_{k=1}^{l}\prod_{j=1}^{s}\left(1+\frac{1}{2}|x_{kj}-0.5|-\frac{1}{2}|x_{kj}-0.5|^2\right)+\frac{1}{l^2}\sum_{k=1}^{l}\sum_{j=1}^{l}\prod_{j=1}^{s}\left(1+\frac{1}{2}|x_{kj}-0.5|+\frac{1}{2}|x_{ji}-0.5|-\frac{1}{2}|x_{kj}-x_{ji}|\right) \tag{4.2}$$

其中 $x_k=(x_{k1}, \cdots, x_{ks})\in[0, 1]^s$，$k=1, 2, \cdots, l$ 指的是试验因素。

更多信息，如均匀设计表和中心偏差可以在网站 website：www. math. hkbu. edu. hk/UniformDesign 中找到。合适的均匀设计表可根据中心偏差值来确定，中心偏差值越小，越适合运用。如表 4.2 所示，为不同因素和水平情况下的均匀设计表，对应的中心偏差。

表 4.2　一般均匀设计模型和对应的中心偏差

Table 4.2　Generating element and its CD

| $m(q)$ \ CD \ $s$ | 2 | 3 | 4 | 5 | 6 | 7 |
| --- | --- | --- | --- | --- | --- | --- |
| 5 | 0.3100 | 0.4570 | | | | |
| 6 | 0.1875 | 0.2656 | 0.2990 | | | |
| 7 | 0.2398 | 0.3721 | 0.4760 | | | |
| 8 | 0.1445 | 0.2000 | 0.2709 | | | |
| 9 | 0.1944 | 0.3102 | 0.4066 | | | |
| 10 | 0.1125 | 0.1681 | 0.2236 | 0.2414 | 0.2994 | |
| 11 | 0.1634 | 0.2649 | 0.3528 | 0.4286 | 0.4942 | |
| 12 | 0.1163 | 0.1838 | 0.2233 | 0.2272 | 0.2670 | 0.2768 |
| 13 | 0.1405 | 0.2308 | 0.3107 | 0.3814 | 0.4439 | 0.4992 |

当选择了合适的均匀设计表后，自然变量可根据均匀设计表的编码变量进行转化，转化过程类似于第二章，此处不赘述。紧接着就是获取回归系数即回归方程，可采用 ANOVA，人工神经网络及支持向量机等回归分析方法[152−157]。需要指出的是，均匀设计表中的编码变量可能存在着共线性，这是很多学者没有研究的。而其他如经济学领域等学者发现，共线性及多重共线性问题可严重阻碍回归系数的获取[158−160]。

## 4.3　联合均匀设计和套索(LASSO)回归的响应面法

因此，基于均匀设计和 LASSO 回归结合的新响应面法是一种有效的可靠度分析方法。如图 4.3 所示，描绘了基于均匀设计的响应面法流程图。

该新方法的主要步骤是：

步骤 1：定义随机变量，并将其设为输入变量。例如，影响边坡的主要影响因素包括摩擦角、内聚力和岩土材料的单位重量，当它们的变异性很大时，都可以作为输入变量；

步骤 2：根据相应的中心偏差值选择合适的均匀设计表，中心偏差越小，所对应的均匀设计表更合适；

步骤 3：根据均匀设计表，将编码变量的特定组合及取值获取相应的随机变量值；

步骤 4：根据三维严格极限平衡法计算响应值，比如边坡，需计算其安全系数；

步骤 5：用 LASSO 方法对回归系数进行分析；

步骤 6：回归系数可以在回归系数确定后得到，并且可以根据极限状态函数($F_{\min}=1$)获取功能函数。

步骤 7：根据下列公式所述获取失效概率和可靠度指标。

考虑参数相关性，其可靠度指标指需要可以通过下式定义[161−164]。

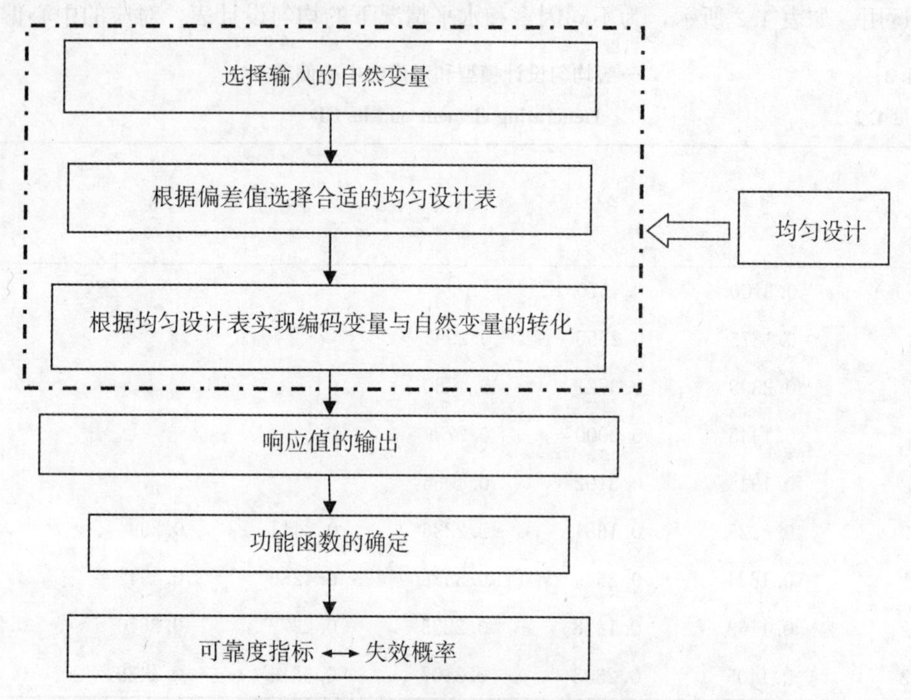


**图 4.3　基于均匀设计的响应面法流程图**

**Fig. 4.3　Flow diagram of UD-based RSM**

$$\left.\begin{aligned} &\min\beta_{RI}\ \|\mathbf{Y}\| = \sqrt{\mathbf{Y}^T C\mathbf{Y}} = \sqrt{\sum_{j=1}^{n} C\left[\frac{(z_j-\mu_j)}{\sigma_j}\right]^2}, \\ &s.\ t.\ \begin{cases} G'(z)=0 \\ z_{\min}\leqslant z_j\leqslant z_{\max} \end{cases} \quad j=1,\ 2,\ \cdots,\ n \end{aligned}\right\} \tag{4.3}$$

其中 $z_j$ 为自然变量，$\mu$ 和 $\sigma$ 分别指的是自然变量的均值和标准差；**C** 指的是系数相关矩阵；**Y** 指的是标准化的矢量；$G'(z)$ 指的是极限状态函数。

# 4.4　三维严格极限平衡法

## 4.4.1　假设条件

如图 4.4 所示，滑块沿着 $x$ 方向被分为 $l$ 个单元；沿着 $y$ 方向被分为 $n$ 个单元。每个单元标记为 $i$ 和 $j$；$W^{i,j}$ 表示每个单元的重量；$N^{i,j}$ 和 $S^{i,j}$ 分别为作用于滑面的正应力和剪应力。块体间，单元 $(i,\ j)$ 和单元 $(i,\ j-1)$ 作用力记为 $Q^{i,j}$；同时，单元 $(i,\ j)$ 和单元 $(i-1,\ j)$ 之间作用力记为 $G^{i,j}$。$Q^{i,j}$ 的倾角为 $\pm\alpha$；$G^{i,j}$ 的倾角为 $\pm\beta$。

## 4.4.2　几何模型

如图 4.4 所示，建立坐标系 o-xyz。整个滑块均落于第一象限，地表面和滑面分别用函数 $z_1=g(x,\ y)$ 和 $z_2=f(x,\ y)$ 来表示，作用于滑面的正应力方向的余弦表示为 $(n_x^{i,j},\ n_y^{i,j},\ n_z^{i,j})$，作用于滑面的剪应力方向的余弦表示为 $(l_x^{i,j},\ l_y^{i,j},\ l_z^{i,j})$。

作用于滑面的正应力方向的余弦可表述为

$$(n_x^{i,j},\ n_y^{i,j},\ n_z^{i,j})=\left(-\frac{1}{\Delta}\frac{\partial f}{\partial x},\ -\frac{1}{\Delta}\frac{\partial f}{\partial y},\ \frac{1}{\Delta}\right) \tag{4.4}$$

其中

$$\Delta=\sqrt{1+(\frac{\partial f}{\partial x})^2+(\frac{\partial f}{\partial y})^2} \tag{4.5}$$

既然 $x$ 轴是平行于滑块滑动方向，则

$$(l_x^{i,j},\ l_y^{i,j},\ l_z^{i,j})=\frac{1}{\Delta'}\left(1,\ 0,\ \frac{\partial f}{\partial x}\right) \tag{4.6}$$

其中

$$\Delta'=\sqrt{1+\left(\frac{\partial f}{\partial x}\right)^2} \tag{4.7}$$

单元重量表示为

$$W^{i,j}=\gamma A^{i,j}[g(x,\ y)-f(x,\ y)] \tag{4.8}$$

其中 $\gamma$ 为岩体容重，$A^{i,j}$ 指的是截面面积。

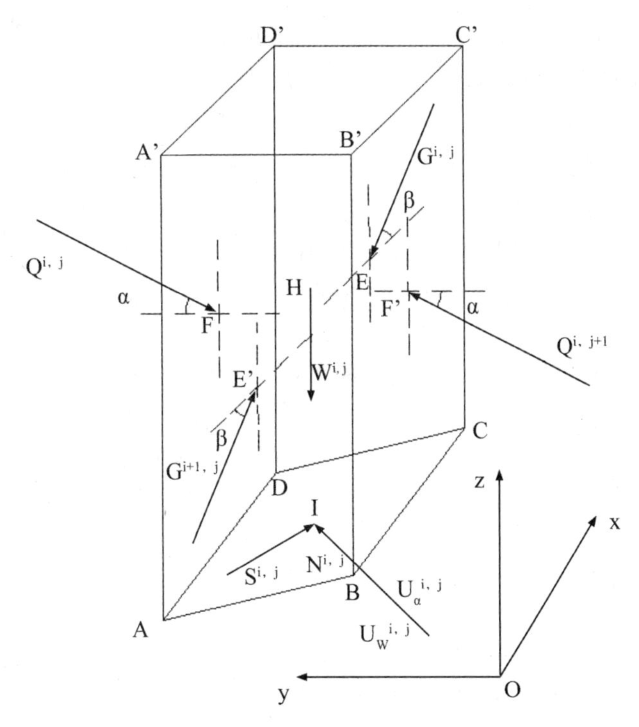


**图 4.4　边坡滑块单元**

**Fig. 4.4　Geometric elements of the slopes**

## 4.4.3　极限平衡方程

在 $x$ 轴，$y$ 轴和 $z$ 轴力学平衡方程为[147]

$$(N^{i,j}+U_w^{i,j}+U_a^{i,j})n_x+S^{i,j}l_x+G^{i+1,j}\cos\beta-G^{i,j}\cos\beta=0 \tag{4.9}$$

$$(N^{i,j}+U_{w}^{i,j}+U_{a}^{i,j})n_y+S^{i,j}l_y+Q^{i,j+1}\cos\alpha-Q^{i,j}\cos\alpha=0 \tag{4.10}$$

$$(N^{i,j}+U_{w}^{i,j}+U_{a}^{i,j})n_z+S^{i,j}l_z+G^{i+1,j}\sin\beta-G^{i,j}\sin\beta+Q^{i,j+1}\sin\alpha-Q^{i,j}\sin\alpha-W^{i,j}=0 \tag{4.11}$$

假设滑块不存在支护，那么其边界条件满足 $\underset{1\leqslant j\leqslant n+1}{G^{0,j}}=0$，$\underset{1\leqslant j\leqslant n+1}{G^{m+1,j}}=0$，$\underset{1\leqslant i\leqslant m+1}{Q^{i,0}}=0$，$\underset{1\leqslant i\leqslant m+1}{Q^{i,n+1}}=0$。根据作用力和反作用力原理，滑块间力矩为0。

则，在 $x$ 轴，$y$ 轴和 $z$ 轴力矩平衡方程为[147]

$$\sum_{i=1}^{m}\sum_{j=1}^{n}\{-[(N^{i,j}+U_{w}^{i,j}+U_{a}^{i,j})n_{i,j}^{y}+S^{i,j}l_{i,j}^{y}]z^{\Delta G^{i,j}/\Delta Q^{i,j}}+[(N^{i,j}+U_{w}^{i,j}+U_{a}^{i,j})n_{i,j}^{z}+S^{i,j}l_{i,j}^{z}]y^{\Delta G^{i,j}/\Delta Q^{i,j}}-W^{i,j}y_{i,j}^{H}\}=0 \tag{4.12}$$

$$\sum_{i=1}^{m}\sum_{j=1}^{n}\{[(N^{i,j}+U_{w}^{i,j}+U_{a}^{i,j})n_{i,j}^{x}+S^{i,j}l_{i,j}^{x}]z^{\Delta G^{i,j}/\Delta Q^{i,j}}-[(N^{i,j}+U_{w}^{i,j}+U_{a}^{i,j})n_{i,j}^{z}+S^{i,j}l_{i,j}^{z}]x^{\Delta G^{i,j}/\Delta Q^{i,j}}+W^{i,j}x_{i,j}^{H}\}=0 \tag{4.13}$$

$$\sum_{i=1}^{m}\sum_{j=1}^{n}\{-[(N^{i,j}+U_{w}^{i,j}+U_{a}^{i,j})n_{i,j}^{x}+S^{i,j}l_{i,j}^{x}]y^{\Delta G^{i,j}/\Delta Q^{i,j}}+[(N^{i,j}+U_{w}^{i,j}+U_{a}^{i,j})n_{i,j}^{y}+S^{i,j}l_{i,j}^{y}]x^{\Delta G^{i,j}/\Delta Q^{i,j}}\}=0 \tag{4.14}$$

其中，$\Delta Q^{i,j}$是平面BB′C′C与平面AA′D′D之间力的差，$\Delta Q^{i,j}=Q^{i,j+1}-Q^{i,j}$；$\Delta G^{i,j}$是平面AA′B′B和平面CC′D′D之间力的差，$\Delta G^{i,j}=G^{i+1,j}-G^{i,j}$；$x_{i,j}^{H}$是点$H$的$x$坐标值；$y_{i,j}^{H}$是点$H$的$y$坐标值；$x^{\Delta G^{i,j}/\Delta Q^{i,j}}$是力$\Delta Q^{i,j}$或$\Delta G^{i,j}$的$x$坐标，其值等于点$H$的$x$坐标值大小；$y^{\Delta G^{i,j}/\Delta Q^{i,j}}$是力$\Delta Q^{i,j}$或$\Delta G^{i,j}$者的$y$坐标，其值等于点$H$的$y$坐标值大小；$z^{\Delta G^{i,j}/\Delta Q^{i,j}}$是力$\Delta Q^{i,j}$或$\Delta G^{i,j}$的$z$坐标，其值等于点$H$的$z$坐标值。

根据摩尔库伦准则，剪应力与安全系数比值为

$$S^{i,j}=\frac{cA^{i,j}+(N^{i,j}-U^{i,j})\tan\varphi}{F} \tag{4.15}$$

其中，$c$为软弱面的黏聚力，$\varphi$为内摩擦角，$F$为安全系数。

将公式(4.15)带入公式(4. 9)－(4.11)，消除$G^{i,j}$和$Q^{i,j}$可以得到[147]

$$N^{i,j}=\frac{\cos\alpha\sin\beta(cA^{i,j}l_x^{i,j}+Fn_x^{i,j}U^{i,j}-l_x^{i,j}U^{i,j}\tan\varphi)+\cos\beta\sin\alpha(cA^{i,j}l_y^{i,j}+Fn_y^{i,j}U^{i,j}-l_y^{i,j}U^{i,j}\tan\varphi)}{-\cos\alpha\sin\beta(Fn_x^{i,j}+l_x^{i,j}\tan\varphi)-(\cos\beta\sin\alpha(Fn_y^{i,j}+l_y^{i,j}\tan\varphi))+(\cos\alpha\sin\beta(FSn_z^{i,j}+l_z^{i,j}\tan\varphi))}+\frac{\cos\alpha\cos\beta(-cA^{i,j}l_z^{i,j}-Fn_z^{i,j}U^{i,j}+l_z^{i,j}U^{i,j}\tan\varphi)+\cos\beta\cos\alpha FW^{i,j}}{-\cos\alpha\sin\beta(Fn_x^{i,j}+l_x^{i,j}\tan\varphi)-(\cos\beta\sin\alpha(Fn_y^{i,j}+l_y^{i,j}\tan\varphi))+(\cos\alpha\sin\beta(FSn_z^{i,j}+l_z^{i,j}\tan\varphi))} \tag{4.16}$$

$$S^{i,j}=\frac{n_x^{i,j}\cos\alpha\sin\beta(cA^{i,j}l_x^{i,j}-2U^{i,j}\tan\varphi)+n_y^{i,j}\sin\alpha\cos\beta(cA^{i,j}-2U^{i,j}\tan\varphi)}{\cos\alpha\sin\beta(Fn_x^{i,j}+l_x^{i,j}\tan\varphi)+\cos\beta\sin\alpha(Fn_y^{i,j}+l_y^{i,j}\tan\varphi)-\cos\alpha\sin\beta(Fn_z^{i,j}+l_z^{i,j}\tan\varphi)}-\frac{n_z^{i,j}\cos\alpha\cos\beta(cA^{i,j}l_z^{i,j}-2U^{i,j}\tan\varphi)+\cos\beta\cos\alpha W^{i,j}\tan\varphi}{\cos\alpha\sin\beta(Fn_x^{i,j}+l_x^{i,j}\tan\varphi)+\cos\beta\sin\alpha(Fn_y^{i,j}+l_y^{i,j}\tan\varphi)-\cos\alpha\sin\beta(Fn_z^{i,j}+l_z^{i,j}\tan\varphi)} \tag{4.17}$$

将公式(4.16)和 Eq. (4.17)的 $N^{i,j}$，$S^{i,j}$带入(4.12)－(4.14)，得到[147]

$$\begin{cases}\Gamma_1(\alpha,\ \beta,\ F)=\sum M_x=0\\ \Gamma_2(\alpha,\ \beta,\ F)=\sum M_y=0\\ \Gamma_3(\alpha,\ \beta,\ F)=\sum M_z=0\end{cases} \tag{4.18}$$

公式(4.18)可以通过信赖域算法获得。设置初始值 $\alpha=0$，$\beta=0$，和 $F=1$，通过迭代

10～20 次，最终可得到边坡安全系数。

## 4.5　算例分析

如图 4.5 所示，边坡为一近似圆弧状失稳边坡[147]。地表坐标($H$，$l$)＝(12.2，24.4)，滑面的坐标为(a，b，$x_0{}'$，$z_0{}'$)＝(24.4，78.35，5.11，19.16)。边坡力学参数如下：岩体黏聚力 $c$ 平均值为 29kPa；内摩擦角 $\varphi$ 平均值大小为 20°；容重 $\gamma$ 平均值为 18.8kN/m³；假设三个变量均服从正态分布，三个变量对应的标准差分布为 3.0、2.0，和 1.0。

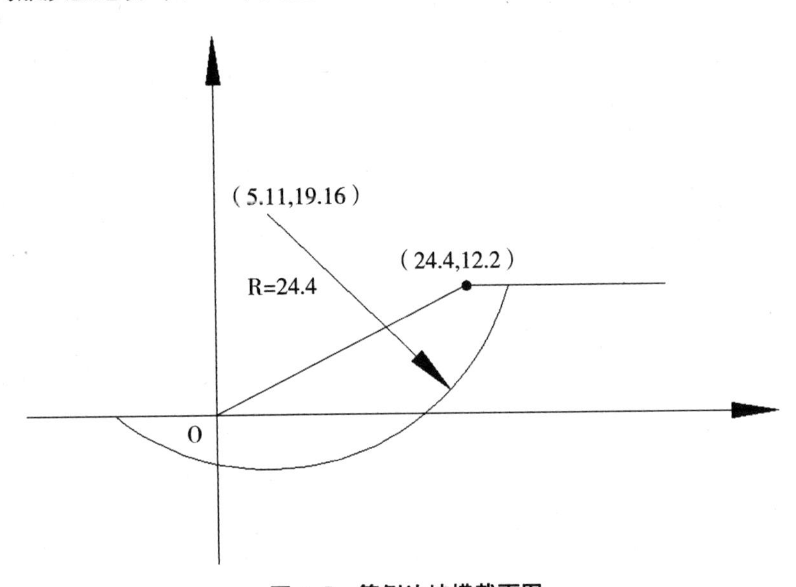


**图 4.5　算例边坡横截面图**

**Fig. 4.5　Cross-sectional view of the sliding body for illustrate example**

### 4.5.1　考虑多重共线性的均匀设计响应面法

确定了随机变量为 3 个后，需根据式(4.2)选择合理的均匀设计表。表 4.3 和表 4.4 分别列出了 6 变量 29 水平和其从中选择不同变量的中心偏差值。比较发现，3 变量 29 水平选取表 4.3 中第 1，3，4 列比较合适，其中心偏差值仅为 0.0914。

**表 4.3　$U_{29}(29^6)$均匀设计表**

**Table 4.3　The $U_{29}(29^6)$ design matrix of UD**

| 试验顺序 | 1 | 2 | 3 | 4 | 5 | 6 |
|---|---|---|---|---|---|---|
| 1 | 1 | 13 | 17 | 19 | 23 | 29 |
| 2 | 2 | 26 | 4 | 8 | 16 | 28 |
| 3 | 3 | 9 | 21 | 27 | 9 | 27 |
| 4 | 4 | 22 | 8 | 16 | 2 | 26 |
| 5 | 5 | 5 | 25 | 5 | 25 | 25 |

续表

| 试验顺序 | 1 | 2 | 3 | 4 | 5 | 6 |
|---|---|---|---|---|---|---|
| 6 | 6 | 18 | 12 | 24 | 18 | 24 |
| 7 | 7 | 1 | 29 | 13 | 11 | 23 |
| 8 | 8 | 14 | 16 | 2 | 4 | 22 |
| 9 | 9 | 27 | 3 | 21 | 27 | 21 |
| 10 | 10 | 10 | 20 | 10 | 20 | 20 |
| 11 | 11 | 23 | 7 | 29 | 13 | 19 |
| 12 | 12 | 6 | 24 | 18 | 6 | 18 |
| 13 | 13 | 19 | 11 | 7 | 29 | 17 |
| 14 | 14 | 2 | 28 | 26 | 22 | 16 |
| 15 | 15 | 15 | 15 | 15 | 15 | 15 |
| 16 | 16 | 28 | 2 | 4 | 8 | 14 |
| 17 | 17 | 11 | 19 | 23 | 1 | 13 |
| 18 | 18 | 24 | 6 | 12 | 24 | 12 |
| 19 | 19 | 7 | 23 | 1 | 17 | 11 |
| 20 | 20 | 20 | 10 | 20 | 10 | 10 |
| 21 | 21 | 3 | 27 | 9 | 3 | 9 |
| 22 | 22 | 16 | 14 | 28 | 26 | 8 |
| 23 | 23 | 29 | 1 | 17 | 19 | 7 |
| 24 | 24 | 12 | 18 | 6 | 12 | 6 |
| 25 | 25 | 25 | 5 | 25 | 5 | 5 |
| 26 | 26 | 8 | 22 | 14 | 28 | 4 |
| 27 | 27 | 21 | 9 | 3 | 21 | 3 |
| 28 | 28 | 4 | 26 | 22 | 14 | 2 |
| 29 | 29 | 17 | 13 | 11 | 7 | 1 |

**表 4.4** $U_{29}(29^6)$均匀设计的不同变量偏差

**Table 4.4** Accessory table with discrepancy of $U_{29}(29^6)$

| 随机变量个数 $S$ | 推荐的列号 | 中心偏差，$D$ |
|---|---|---|
| 2 | 1 4 | 0.0520 |
| 3 | 1 3 4 | 0.0914 |
| 4 | 1 3 4 5 | 0.1050 |
| 5 | 2 3 4 5 6 | 0.1730 |

根据图 4.3 所描述，下一步需根据均匀设计表，将编码变量的不同组合及取值获取相应的随机变量值，转换所得随机变量列出在表 4.5 中。

**表 4.5　$U_{29}(29^3)$ 均匀设计编码变量和随机变量转换及其对应响应值**

**Table 4.5　The variables and the corresponding $F$ values obtained from the UD table for $U_{29}(29^3)$**

| 试验顺序 | 编码变量 | | | 随机变量 | | | 响应值 $y(F)$ | | |
|---|---|---|---|---|---|---|---|---|---|
| | 1 | 2 | 3 | $x_1(c/\mathrm{kPa})$ | $x_2(\varphi/^\circ)$ | $x_3(\gamma/\mathrm{kN\cdot m^{-3}})$ | 三维严格极限平衡法 | 简化 Bishop | Janbu |
| 1 | 1 | 13 | 17 | 20.00 | 19.14 | 19.23 | 1.7565 | 1.888 | 1.931 |
| 2 | 2 | 26 | 4 | 20.64 | 24.71 | 16.44 | 2.2548 | 2.428 | 2.483 |
| 3 | 3 | 9 | 21 | 21.29 | 17.43 | 20.08 | 1.6603 | 1.758 | 1.799 |
| 4 | 4 | 22 | 8 | 21.93 | 23.00 | 17.30 | 2.1455 | 2.090 | 2.147 |
| 5 | 5 | 5 | 25 | 22.57 | 15.71 | 20.94 | 1.5666 | 1.765 | 1.798 |
| 6 | 6 | 18 | 12 | 23.21 | 21.29 | 18.16 | 2.0365 | 2.306 | 2.359 |
| 7 | 7 | 1 | 29 | 23.86 | 14.00 | 21.80 | 1.4651 | 1.567 | 1.604 |
| 8 | 8 | 14 | 16 | 24.50 | 19.57 | 19.01 | 1.9187 | 2.069 | 2.118 |
| 9 | 9 | 27 | 3 | 25.14 | 25.14 | 16.23 | 2.3149 | 2.763 | 2.828 |
| 10 | 10 | 10 | 20 | 25.79 | 17.86 | 19.87 | 1.8214 | 1.954 | 2.001 |
| 11 | 11 | 23 | 7 | 26.43 | 23.43 | 17.09 | 2.1926 | 2.508 | 2.566 |
| 12 | 12 | 6 | 24 | 27.07 | 16.14 | 20.73 | 1.7198 | 1.840 | 1.884 |
| 13 | 13 | 19 | 11 | 27.71 | 21.71 | 17.94 | 2.0872 | 2.379 | 2.435 |
| 14 | 14 | 2 | 28 | 28.36 | 14.43 | 21.58 | 1.6165 | 1.729 | 1.770 |
| 15 | 15 | 15 | 15 | 29.00 | 20.00 | 18.80 | 2.0921 | 2.254 | 2.307 |
| 16 | 16 | 28 | 2 | 29.64 | 25.57 | 16.01 | 2.6578 | 2.856 | 2.923 |
| 17 | 17 | 11 | 19 | 30.28 | 18.29 | 19.66 | 1.9870 | 2.131 | 2.182 |
| 18 | 18 | 24 | 6 | 30.93 | 23.86 | 16.87 | 2.2609 | 2.714 | 2.778 |
| 19 | 19 | 7 | 23 | 31.57 | 16.57 | 20.51 | 1.8815 | 2.011 | 2.059 |
| 20 | 20 | 20 | 10 | 32.21 | 22.14 | 17.73 | 2.1631 | 2.576 | 2.636 |
| 21 | 21 | 3 | 27 | 32.86 | 14.86 | 21.37 | 1.7740 | 1.894 | 1.938 |
| 22 | 22 | 16 | 14 | 33.50 | 20.43 | 18.58 | 2.1917 | 2.443 | 2.500 |
| 23 | 23 | 29 | 1 | 34.14 | 26.00 | 15.80 | 2.8786 | 3.077 | 3.150 |
| 24 | 24 | 12 | 18 | 34.78 | 18.71 | 19.44 | 2.1627 | 2.312 | 2.366 |
| 25 | 25 | 25 | 5 | 35.43 | 24.29 | 16.66 | 2.7361 | 2.924 | 2.993 |
| 26 | 26 | 8 | 22 | 36.07 | 17.00 | 20.30 | 2.0197 | 2.185 | 2.236 |
| 27 | 27 | 21 | 9 | 36.71 | 22.57 | 17.51 | 2.5900 | 2.777 | 2.842 |
| 28 | 28 | 4 | 26 | 37.36 | 15.29 | 21.16 | 1.8571 | 2.061 | 2.109 |
| 29 | 29 | 17 | 13 | 38.00 | 20.86 | 18.37 | 2.2781 | 2.635 | 2.697 |

然后再根据表 4.5 所列的不同试验序号，带入三维严格极限平衡法算出 29 个响应值，即本计算例子的安全系数。

根据第二章 2.2 节所述，如果变量存在着共线性问题，需要先行检测。将一次项(表 4.5 中的 $x_1$，$x_2$，$x_3$)和二次项($x_1^2$，$x_2^2$，$x_3^2$，$x_1x_2$，$x_1x_2$，$x_2x_3$)都进行诊断。根据式(4.5)和式(4.7)可以分别计算某一因变量当成自变量，而自变量 y 当成因变量时的容差和方差膨胀因子，然后根据 2.2 节的判据判断是否存在多重共线性。表 4.6 为 $x_1$ 作为因变量，其余项和响应面值 $y$ 作为自变量时的共线性统计量。表中 VIF 大于 10 的已经加黑，说明存在多重共线性。

**表 4.6　$x_1$ 作为因变量时的共线性诊断**

**Table 4.6　Multicollinearity dianogse when treating $x_1$ as dependent variable**

| 模型 | | 非标准化系数 | | 标准系数 | | | 共线性统计量 | |
|---|---|---|---|---|---|---|---|---|
| | | B | 标准　误差 | 试用版 | t | Sig. | 容差 | VIF |
| 1 | (常量) | −12.440 | 13.088 | | −0.951 | −0.354 | | |
| | $x_2$ | 0.248 | 0.315 | 0.248 | 0.787 | 0.441 | 0.018 | **54.594** |
| | $x_3$ | −0.180 | 0.231 | −0.180 | −0.782 | 0.444 | 0.034 | **29.214** |
| | $x_1^2$ | 0.018 | 0.004 | 0.555 | 4.032 | 0.001 | 0.096 | **10.412** |
| | $x_2^2$ | −0.002 | 0.006 | −0.057 | −0.285 | 0.779 | 0.046 | **21.935** |
| | $x_3^2$ | 0.003 | 0.006 | 0.080 | 0.433 | 0.670 | 0.053 | **18.766** |
| | $x_1x_2$ | 0.009 | 0.005 | 0.201 | 1.657 | 0.114 | 0.124 | 8.075 |
| | $x_1x_3$ | 0.010 | 0.005 | 0.214 | 1.874 | 0.076 | 0.140 | 7.146 |
| | $x_2x_3$ | −0.002 | 0.006 | −0.049 | −0.397 | 0.696 | 0.118 | 8.453 |
| | $y$ | 8.328 | 4.997 | 0.342 | 1.667 | 0.112 | 0.043 | **23.111** |

表 4.7 为 $x_2$ 作为因变量，其余项和响应面值 $y$ 作为自变量时的共线性统计量。表中 VIF 大于 10 的已经加黑，说明存在多重共线性。

**表 4.7　$x_2$ 作为因变量时的共线性诊断**

**Table 4.7　Multicollinearity dianogse when treating $x_2$ as dependent variable**

| 模型 | | 非标准化系数 | | 标准系数 | | | 共线性统计量 | |
|---|---|---|---|---|---|---|---|---|
| | | B | 标准　误差 | 试用版 | t | Sig. | 容差 | VIF |
| 1 | (常量) | 34.099 | 5.557 | | 6.137 | 0.000 | | |
| | $x_1$ | 0.127 | 0.162 | 0.127 | 0.787 | 0.441 | 0.036 | **28.014** |
| | $x_3$ | −0.181 | 0.163 | −0.181 | −1.111 | 0.280 | 0.035 | **28.314** |
| | $x_1^2$ | 0.004 | 0.004 | 0.114 | 0.868 | 0.396 | 0.054 | **18.583** |
| | $x_2^2$ | 0.016 | 0.003 | 0.494 | 5.627 | 0.000 | 0.121 | 8.260 |
| | $x_3^2$ | 0.005 | 0.004 | 0.146 | 1.134 | 0.271 | 0.056 | **17.749** |

**续表**

| 模型 | | 非标准化系数 | | 标准系数 | t | Sig. | 共线性统计量 | |
|---|---|---|---|---|---|---|---|---|
| | | B | 标准　误差 | 试用版 | | | 容差 | VIF |
| | $x_1x_2$ | 0.001 | 0.004 | 0.015 | 0.164 | 0.872 | 0.108 | 9.229 |
| | $x_1x_3$ | −0.002 | 0.004 | −0.042 | −0.476 | 0.639 | 0.120 | 8.368 |
| | $x_2x_3$ | 0.003 | 0.004 | 0.073 | 0.828 | 0.418 | 0.122 | 8.226 |
| | $y$ | −12.524 | 2.536 | −0.514 | −4.939 | 0.000 | 0.086 | **11.599** |

表 4.8 为 $x_3$ 作为因变量，其余项和响应面值 $y$ 作为自变量时的共线性统计量。表中 VIF 大于 10 的已经加黑，说明存在多重共线性。

**表 4.8　　$x_3$ 作为因变量时的共线性诊断**

**Table 4.8　　Multicollinearity dianogse when treating $x_3$ as dependent variable**

| 模型 | | 非标准化系数 | | 标准系数 | t | Sig. | 共线性统计量 | |
|---|---|---|---|---|---|---|---|---|
| | | B | 标准　误差 | 试用版 | | | 容差 | VIF |
| 1 | （常量） | −0.173 | 0.221 | −0.173 | −0.782 | 0.444 | 0.036 | **28.025** |
| | $x_2$ | −0.338 | 0.304 | −0.338 | −1.111 | 0.280 | 0.019 | **52.932** |
| | $x_1^2$ | 0.004 | 0.006 | 0.124 | 0.686 | 0.501 | 0.053 | **18.853** |
| | $x_2^2$ | 0.002 | 0.006 | 0.051 | 0.262 | 0.796 | 0.046 | **21.949** |
| | $x_3^2$ | 0.021 | 0.003 | 0.652 | 6.295 | 0.000 | 0.163 | 6.141 |
| | $x_1x_2$ | −0.002 | 0.006 | −0.055 | −0.439 | 0.666 | 0.109 | 9.150 |
| | $x_1x_3$ | 0.011 | 0.005 | 0.249 | 2.321 | 0.032 | 0.152 | 6.597 |
| | $x_2x_3$ | 0.010 | 0.005 | 0.235 | 2.144 | 0.045 | 0.146 | 6.863 |
| | $y$ | −4.713 | 5.127 | −0.193 | −0.919 | 0.369 | 0.039 | **25.361** |

表 4.9 为 $x_1^2$ 作为因变量，其余项和响应面值 $y$ 作为自变量时的共线性统计量。表中 VIF 大于 10 的已经加黑，说明存在多重共线性。

**表 4.9　　$x_1^2$ 作为因变量时的共线性诊断**

**Table 4.9　　Multicollinearity dianogse when treating $x_1^2$ as dependent variable**

| 模型 | | 非标准化系数 | | 标准系数 | t | Sig. | 共线性统计量 | |
|---|---|---|---|---|---|---|---|---|
| | | B | 标准　误差 | 试用版 | | | 容差 | VIF |
| 1 | （常量） | 20.244 | 12.270 | | 1.650 | 0.115 | | |
| | $x_1$ | −0.173 | 0.221 | −0.173 | −0.782 | 0.444 | 0.036 | **28.025** |
| | $x_2$ | −0.338 | 0.304 | −0.338 | −1.111 | 0.280 | 0.019 | **52.932** |
| | $x_3$ | 0.004 | 0.006 | 0.124 | 0.686 | 0.501 | 0.053 | **18.853** |
| | $x_2^2$ | 0.002 | 0.006 | 0.051 | 0.262 | 0.796 | 0.046 | **21.949** |

续表

| 模型 | | 非标准化系数 | | 标准系数 | t | Sig. | 共线性统计量 | |
|---|---|---|---|---|---|---|---|---|
| | | B | 标准　误差 | 试用版 | | | 容差 | VIF |
| | $x_3^2$ | 0.021 | 0.003 | 0.652 | 6.295 | 0.000 | 0.163 | 6.141 |
| | $x_1x_2$ | −0.002 | 0.006 | −0.055 | −0.439 | 0.666 | 0.109 | 9.150 |
| | $x_1x_3$ | 0.011 | 0.005 | 0.249 | 2.321 | 0.032 | 0.152 | 6.597 |
| | $x_2x_3$ | 0.010 | 0.005 | 0.235 | 2.144 | 0.045 | 0.146 | 6.863 |
| | $y$ | −4.713 | 5.127 | −0.193 | −0.919 | 0.369 | 0.039 | **25.361** |

表4.10为$x_2^2$作为因变量，其余项和响应面值$y$作为自变量时的共线性统计量。表中VIF大于10的已经加黑，说明存在多重共线性。

**表4.10　　$x_2^2$作为因变量时的共线性诊断**

**Table 4.10　　Multicollinearity dianogse when treating $x_2^2$ as dependent variable**

| 模型 | | 非标准化系数 | | 标准系数 | t | Sig. | 共线性统计量 | |
|---|---|---|---|---|---|---|---|---|
| | | B | 标准　误差 | 试用版 | | | 容差 | VIF |
| 1 | （常量） | −881.521 | 429.310 | | −2.053 | 0.054 | | |
| | $x_1$ | −2.313 | 8.110 | −0.075 | −0.285 | 0.779 | 0.035 | **28.804** |
| | $x_2$ | 39.099 | 6.948 | 1.265 | 5.627 | 0.000 | 0.047 | **21.139** |
| | $x_3$ | 2.173 | 8.283 | 0.070 | 0.262 | 0.796 | 0.033 | **30.045** |
| | $x_1^2$ | −0.197 | 0.210 | −0.197 | −0.939 | 0.360 | 0.054 | **18.463** |
| | $x_3^2$ | −0.185 | 0.208 | −0.185 | −0.889 | 0.385 | 0.055 | **18.193** |
| | $x_1x_2$ | 0.027 | 0.205 | 0.020 | 0.132 | 0.896 | 0.108 | 9.234 |
| | $x_1x_3$ | 0.158 | 0.197 | 0.113 | 0.805 | 0.431 | 0.122 | 8.188 |
| | $x_2x_3$ | 0.098 | 0.196 | 0.071 | 0.503 | 0.621 | 0.119 | 8.411 |
| | $y$ | 309.874 | 175.698 | 0.411 | 1.764 | 0.094 | 0.044 | **22.762** |

表4.11为$x_3^2$作为因变量，其余项和响应面值$y$作为自变量时的共线性统计量。表中VIF大于10的已经加黑，说明存在多重共线性。

**表4.11　　$x_3^2$作为因变量时的共线性诊断**

**Table 4.11　　Multicollinearity dianogse when treating $x_3^2$ as dependent variable**

| 模型 | | 非标准化系数 | | 标准系数 | t | Sig. | 共线性统计量 | |
|---|---|---|---|---|---|---|---|---|
| | | B | 标准　误差 | 试用版 | | | 容差 | VIF |
| 1 | （常量） | −674.004 | 487.728 | | −1.382 | 0.183 | | |
| | $x_1$ | 3.772 | 8.720 | 0.122 | 0.433 | 0.670 | 0.035 | **28.645** |
| | $x_2$ | 13.428 | 11.839 | 0.434 | 1.134 | 0.271 | 0.019 | **52.797** |

**续表**

| 模型 | | 非标准化系数 | | 标准系数 | t | Sig. | 共线性统计量 | |
|---|---|---|---|---|---|---|---|---|
| | | B | 标准　误差 | 试用版 | | | 容差 | VIF |
| | $x_3$ | 32.063 | 5.093 | 1.037 | 6.295 | 0.000 | 0.102 | 9.772 |
| | $x_1{}^2$ | −0.199 | 0.227 | −0.199 | −0.876 | 0.392 | 0.054 | **18.570** |
| | $x_2{}^2$ | −0.216 | 0.242 | −0.216 | −0.889 | 0.385 | 0.047 | **21.148** |
| | $x_1x_2$ | 0.009 | 0.221 | 0.007 | 0.041 | 0.968 | 0.108 | 9.242 |
| | $x_1x_3$ | −0.076 | 0.215 | −0.054 | −0.353 | 0.728 | 0.119 | 8.412 |
| | $x_2x_3$ | −0.044 | 0.212 | −0.032 | −0.205 | 0.840 | 0.118 | 8.504 |
| | $y$ | 181.829 | 200.047 | 0.241 | 0.909 | 0.375 | 0.039 | **25.385** |

表 4.12 为 $x_1x_2$ 作为因变量，其余项和响应面值 $y$ 作为自变量时的共线性统计量。表中 VIF 大于 10 的已经加黑，说明存在多重共线性。

**表 4.12　　$x_1x_2$ 作为因变量时的共线性诊断**

**Table 4.12　　Multicollinearity dianogse when treating $x_1x_2$ as dependent variable**

| 模型 | | 非标准化系数 | | 标准系数 | t | Sig. | 共线性统计量 | |
|---|---|---|---|---|---|---|---|---|
| | | B | 标准　误差 | 试用版 | | | 容差 | VIF |
| 1 | （常量） | 523.493 | 516.870 | | 1.013 | 0.324 | | |
| | $x_1$ | 14.079 | 8.495 | 0.629 | 1.657 | 0.114 | 0.040 | **25.273** |
| | $x_2$ | 2.077 | 12.678 | 0.093 | 0.164 | 0.872 | 0.018 | **56.292** |
| | $x_3$ | −4.051 | 9.232 | −0.181 | −0.439 | 0.666 | 0.033 | **29.852** |
| | $x_1{}^2$ | 0.147 | 0.238 | 0.204 | 0.620 | 0.543 | 0.053 | **18.937** |
| | $x_2{}^2$ | 0.034 | 0.256 | 0.047 | 0.132 | 0.896 | 0.045 | **22.008** |
| | $x_3{}^2$ | 0.010 | 0.238 | 0.014 | 0.041 | 0.968 | 0.053 | **18.949** |
| | $x_1x_3$ | 0.099 | 0.223 | 0.097 | 0.444 | 0.662 | 0.119 | 8.381 |
| | $x_2x_3$ | 0.124 | 0.218 | 0.124 | 0.566 | 0.578 | 0.119 | 8.382 |
| | $y$ | −283.576 | 201.701 | −.520 | −1.406 | 0.176 | 0.042 | **23.993** |

表 4.13 为 $x_1x_3$ 作为因变量，其余项和响应面值 $y$ 作为自变量时的共线性统计量。表中 VIF 大于 10 的已经加黑，说明存在多重共线性。

**表 4.13　　$x_1x_3$ 作为因变量时的共线性诊断**

**Table 4.13　　Multicollinearity dianogse when treating $x_1x_3$ as dependent variable**

| 模型 | | 非标准化系数 | | 标准系数 | t | Sig. | 共线性统计量 | |
|---|---|---|---|---|---|---|---|---|
| | | B | 标准　误差 | 试用版 | | | 容差 | VIF |
| 1 | （常量） | −209.922 | 541.904 | | −0.387 | 0.703 | | |

续表

| 模型 | | 非标准化系数 | | 标准系数 | | | 共线性统计量 | |
|---|---|---|---|---|---|---|---|---|
| | | B | 标准 误差 | 试用版 | t | Sig. | 容差 | VIF |
| | $x_1$ | 16.042 | 8.560 | 0.730 | 1.874 | 0.076 | 0.041 | **24.414** |
| | $x_2$ | −6.156 | 12.930 | −0.280 | −0.476 | 0.639 | 0.018 | **55.708** |
| | $x_3$ | 19.492 | 8.397 | 0.887 | 2.321 | 0.032 | 0.043 | **23.491** |
| | $x_1^2$ | −0.082 | 0.246 | −0.115 | −0.334 | 0.742 | 0.052 | **19.207** |
| | $x_2^2$ | 0.208 | 0.259 | 0.293 | 0.805 | 0.431 | 0.047 | **21.303** |
| | $x_3^2$ | −0.086 | 0.243 | −0.121 | −0.353 | 0.728 | 0.053 | **18.827** |
| | $x_1x_2$ | 0.104 | 0.234 | 0.106 | 0.444 | 0.662 | 0.109 | 9.148 |
| | $x_2x_3$ | −0.129 | 0.224 | −0.131 | −0.574 | 0.573 | 0.119 | 8.378 |
| | $y$ | −8.013 | 217.277 | −0.015 | −0.037 | 0.971 | 0.038 | **26.487** |

表4.14为 $x_2x_3$ 作为因变量，其余项和响应面值 $y$ 作为自变量时的共线性统计量。表中VIF大于10的已经加黑，说明存在多重共线性。

**表4.14 $x_2x_3$ 作为因变量时的共线性诊断**

**Table 4.14 Multicollinearity dianogse when treating $x_2x_3$ as dependent variable**

| 模型 | | 非标准化系数 | | 标准系数 | | | 共线性统计量 | |
|---|---|---|---|---|---|---|---|---|
| | | B | 标准 误差 | 试用版 | t | Sig. | 容差 | VIF |
| 1 | (常量) | −316.432 | 547.791 | | −0.578 | 0.570 | | |
| | $x_1$ | −3.743 | 9.425 | −0.167 | −0.397 | 0.696 | 0.035 | **28.689** |
| | $x_2$ | 10.745 | 12.979 | 0.480 | 0.828 | 0.418 | 0.018 | **54.409** |
| | $x_3$ | 18.587 | 8.671 | 0.830 | 2.144 | 0.045 | 0.041 | **24.281** |
| | $x_1^2$ | 0.095 | 0.249 | 0.131 | 0.381 | 0.707 | 0.052 | **19.173** |
| | $x_2^2$ | 0.133 | 0.265 | 0.184 | 0.503 | 0.621 | 0.046 | **21.739** |
| | $x_3^2$ | −0.051 | 0.247 | −0.070 | −0.205 | 0.840 | 0.053 | **18.909** |
| | $x_1x_2$ | 0.134 | 0.237 | 0.134 | 0.566 | 0.578 | 0.110 | 9.089 |
| | $x_1x_3$ | −0.133 | 0.231 | −0.130 | −0.574 | 0.573 | 0.120 | 8.323 |
| | $y$ | 49.607 | 220.403 | 0.091 | 0.225 | 0.824 | 0.038 | **26.418** |

根据表4.6—4.14，可以发现无论以一次项或者二次项的某项作为自变量，其他项都存在不同程度的共线性或多重共线性问题。

接着根据2.3节所述的LASSO方法对回归系数进行分析，如图4.6所示，可以发现回归系数 $\beta_2$ 被压缩为0。说明该系数与其中一个或多个二次项回归系数存在多重共线性。

根据所获取的回归系数，可以得到下列回归函数：

$g(x)_{\text{example1}}=2.0720-0.1561(x_1-29)-0.0019(x_3-18.8)+0.1968(x_1x_2-580)+$

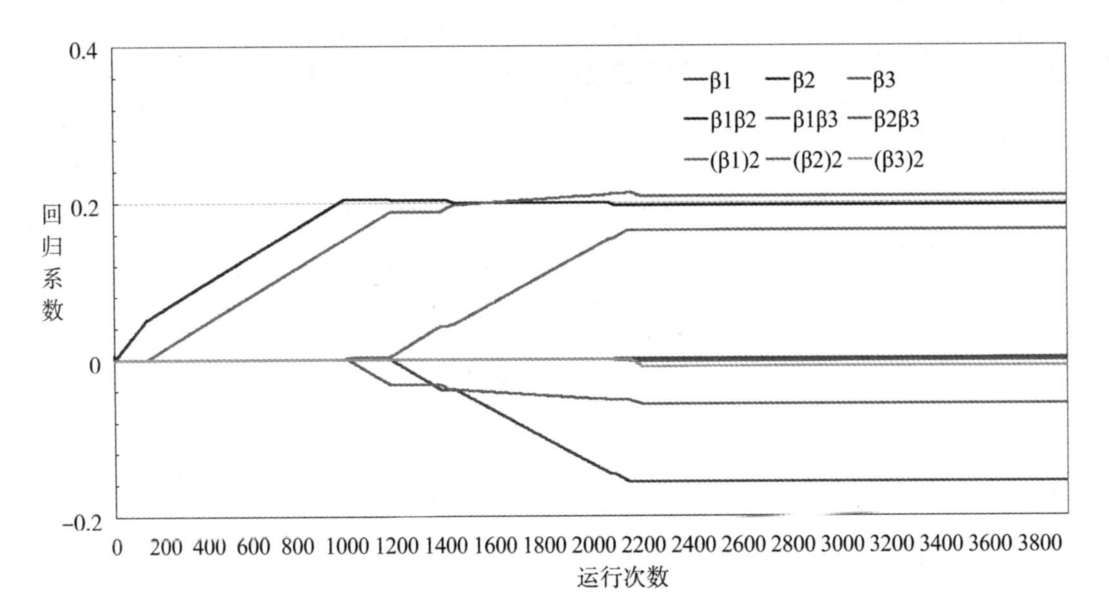


**图 4.6　采用套索回归获取的回归系数**

**Fig. 4.6　The regression coefficients obtained using LASSO**

$$0.0015(x_1x_3-545.2)-0.0570(x_2x_3-376)+0.1643(x_1^2-841)+0.2087(x_2^2-400)-0.0089(x_3^2-353.44) \quad (4.19)$$

为验证公式(4.19)的正确性，所获取的回归值和真实值进行了比较，绘制如图 4.7，确定性系数为 0.959，且大部分点落在一致线上。可见，拟合的回归方程精确性较高。

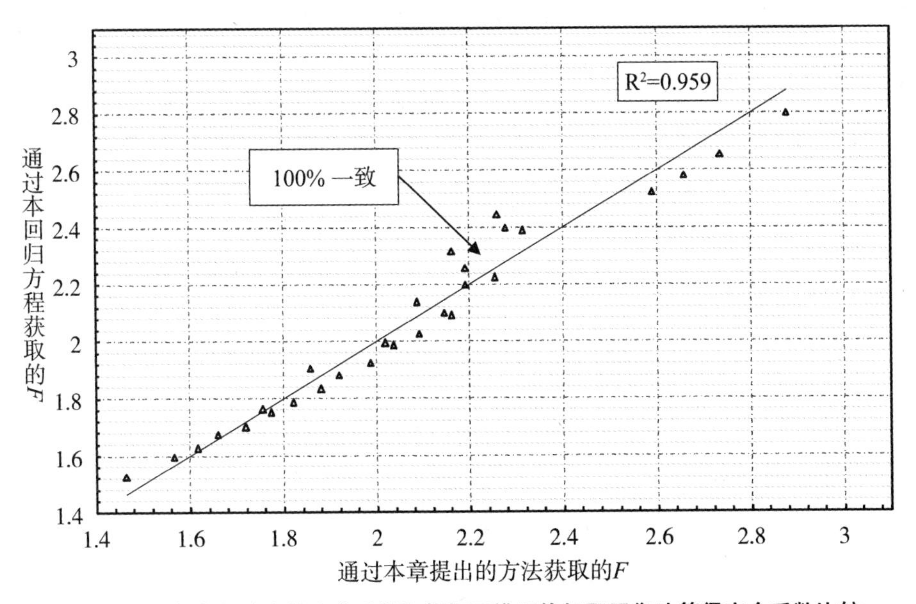


**图 4.7　回归方程确定的安全系数和根据三维严格极限平衡法算得安全系数比较**

**Fig. 4.7　*F* obtained based on the Eq. (4.19) versus the value of *F* obtained using the 3D rigorous limit equilibrium method**

需要指出的是，为验证三维严格极限平衡法的精确性和严谨性，本边坡也采用了简化

Bishop 和 Janbu 法进行了安全系数的计算。如图 4.8 所示，可以发现大部分的点都落于 $y=x$ 上方，即 $y>x$ 区域。因而，三维严格极限平衡法计算所得的安全系数都小于简化 Bishop 和 Janbu 法计算的安全系数，可见，采用三维严格极限平衡法计算所得的安全系数更为保守。

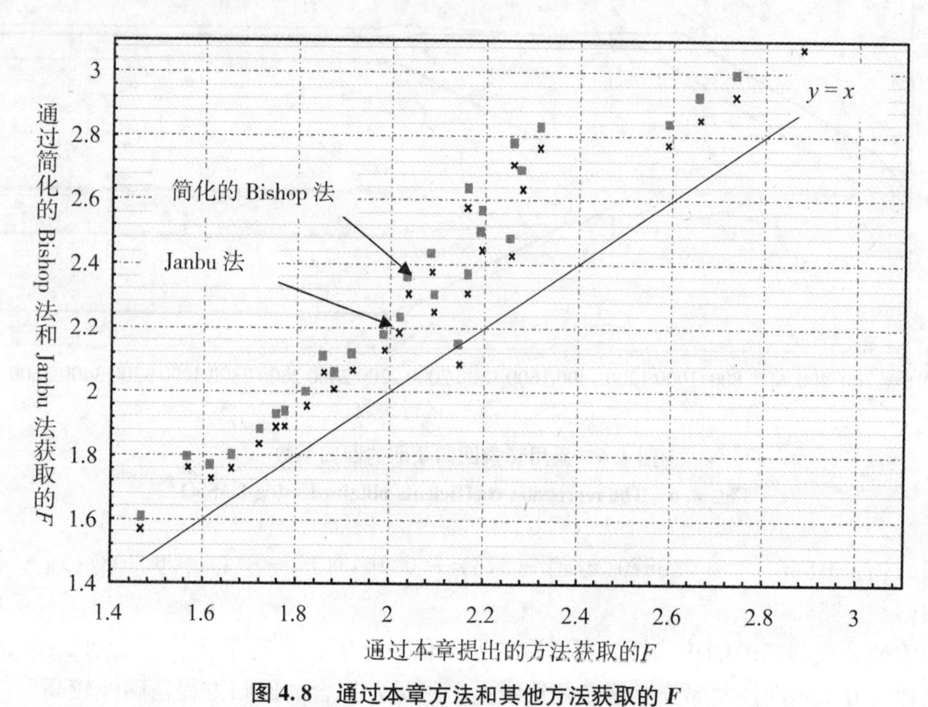


**图 4.8 通过本章方法和其他方法获取的 F**

**Fig. 4.8 F obtained based on this study and other classical methods**

最后根据确定的回归系数获取回归方程，并且与极限状态函数($F_{\min}=1$)构造功能函数，为

$$g'(x)_{\text{example1}}=g(x)_{\text{example1}}-FS_{\min}=g(x)_{\text{example1}}-1 \tag{4.20}$$

再根据式(4.3)计算边坡的失效概率和可靠度指标。基于均匀设计并考虑共线性问题的可靠度指标 $\beta_{\text{RI}}$ 为 3.28，失效概率为 0.048%。

## 4.5.2 不考虑多重共线性的传统响应面法

为验证计算，采用基于传统响应面法来计算上节的案例。

传统响应面法主要编码变量即转换变量如表 4.15 所示。

**表 4.15 算例的实验设计**

**Table 4.15 Experimental Design for the case study**

| 试验序号 | 样本点类型 | $x_1$ | $x_2$ | $x_3$ | $x_4$ | $\varphi$ | $c$ | $z$ | $\alpha$ | 响应值 |
|---|---|---|---|---|---|---|---|---|---|---|
| 1 | −1 | 0 | 0 | 2 | 0 | 35 | 10 | 20 | 0.08 | 0.90 |
| 2 | 1 | −1 | −1 | 1 | −1 | 30 | 8 | 17 | 0.067 | 0.76 |
| 3 | 0 | 0 | 0 | 0 | 0 | 35 | 10 | 14 | 0.08 | 0.90 |

续表

| 试验序号 | 样本点类型 | $x_1$ | $x_2$ | $x_3$ | $x_4$ | $\varphi$ | $c$ | $z$ | $\alpha$ | 响应值 |
|---|---|---|---|---|---|---|---|---|---|---|
| 4 | 0 | 0 | 0 | 0 | 0 | 35 | 10 | 14 | 0.08 | 0.90 |
| 5 | 1 | −1 | −1 | 1 | 1 | 30 | 8 | 17 | 0.054 | 0.78 |
| 6 | 1 | 1 | 1 | 1 | 1 | 40 | 12 | 17 | 0.093 | 1.05 |
| 7 | 1 | 1 | −1 | 1 | −1 | 40 | 8 | 17 | 0.067 | 1.09 |
| 8 | 0 | 0 | 0 | 0 | 0 | 35 | 10 | 14 | 0.08 | 0.90 |
| 9 | 1 | 1 | −1 | −1 | 1 | 40 | 8 | 11 | 0.093 | 1.03 |
| 10 | 0 | 0 | 0 | 0 | 0 | 35 | 10 | 14 | 0.08 | 0.90 |
| 11 | 0 | 0 | 0 | 0 | 0 | 35 | 10 | 14 | 0.08 | 0.90 |
| 12 | 1 | 1 | 1 | 1 | −1 | 40 | 12 | 17 | 0.067 | 1.11 |
| 13 | −1 | 0 | 0 | 0 | −2 | 35 | 10 | 14 | 0.054 | 0.95 |
| 14 | −1 | 2 | 0 | 0 | 0 | 45 | 10 | 14 | 0.08 | 1.26 |
| 15 | 1 | −1 | 1 | 1 | 1 | 30 | 8 | 17 | 0.093 | 0.72 |
| 16 | 1 | 1 | −1 | −1 | −1 | 40 | 8 | 11 | 0.067 | 1.09 |
| 17 | 1 | 1 | 1 | −1 | 1 | 40 | 12 | 11 | 0.093 | 1.05 |
| 18 | −1 | 0 | −2 | 0 | 0 | 35 | 6 | 14 | 0.08 | 0.88 |
| 19 | −1 | −2 | 0 | 0 | 0 | 25 | 10 | 14 | 0.08 | 0.62 |
| 20 | −1 | 0 | 2 | 0 | 0 | 35 | 14 | 14 | 0.08 | 0.92 |
| 21 | 1 | −1 | 1 | −1 | −1 | 30 | 12 | 11 | 0.067 | 0.78 |
| 22 | 0 | 0 | 0 | 0 | 0 | 35 | 10 | 14 | 0.08 | 0.90 |
| 23 | 1 | −1 | 1 | 1 | −1 | 30 | 12 | 17 | 0.067 | 0.78 |
| 24 | 0 | 0 | 0 | 0 | 0 | 35 | 10 | 14 | 0.08 | 0.90 |
| 25 | 1 | −1 | 1 | −1 | 1 | 30 | 12 | 11 | 0.093 | 0.74 |
| 26 | 1 | −1 | −1 | −1 | 1 | 30 | 8 | 11 | 0.093 | 0.72 |
| 27 | −1 | 0 | 0 | 0 | 2 | 35 | 10 | 14 | 0.106 | 0.85 |
| 28 | −1 | 0 | 0 | −2 | 0 | 35 | 10 | 8 | 0.08 | 0.90 |
| 29 | 1 | 1 | 1 | −1 | −1 | 40 | 12 | 11 | 0.067 | 1.11 |
| 30 | 1 | 1 | −1 | 1 | 1 | 40 | 8 | 17 | 0.093 | 1.03 |
| 31 | 1 | −1 | −1 | −1 | −1 | 30 | 8 | 11 | 0.067 | 0.76 |

为验证计算结果，除了采用了传统响应面法，还采用了基于支持向量机的响应面法[149,163,187]和考虑(或不考虑)蒙特卡罗法来对比。计算结果列在表 4.16 中。可以发现，考虑多重共线性情况下的均匀设计响应面法和考虑共线性的蒙特卡罗法失效概率计算结果基本一致，且比不考虑共线性的其他可靠度计算方法更大。这说明不考虑共线性问题，将导致计算结果偏低。

**表 4.16　　不同算法所获取的可靠度指标及失效概率**

**Table 4.16　　Comparison of $\boldsymbol{\beta}_{\mathrm{RI}}$ and the $P_f$ in illustrate example obtained using different methods**

| 方法 | 可靠度指标 $\beta_{\mathrm{RI}}$ | 失效概率 $P_f$ |
| --- | --- | --- |
| 传统响应面法 | 3.38 | $3.1\times10^{-4}$ |
| 基于支持向量机的响应面法 | 3.37 | $3.2\times10^{-4}$ |
| 不考虑共线性的蒙特卡罗法($10^9$ 样本点) | 3.39 | $2.9\times10^{-4}$ |
| 考虑共线性的蒙特卡罗法($10^9$ 样本点) | 3.29 | $4.7\times10^{-4}$ |
| 基于均匀设计的响应面法 | 3.28 | $4.8\times10^{-4}$ |

## 4.6　本章小结

①均匀设计具有整齐可比，均匀布置的特点，且划分的水平数可以根据不同均匀设计表来变化。

②提出了一种基于均匀设计的响应面新可靠度分析方法。为解决传统响应面法样本点布置没有精确指导理论的问题，提出基于均匀设计来为响应面法样本点选取提供有力参考。

③当随机变量存在共线性的问题，很难获取精确的回归系数，进而影响可靠度的计算精确性。针对这一问题，提出了 LASSO 回归方法，该方法对于自变量之间存在共线性的情况下也可得到精确回归系数和回归模型。

④基于均匀设计的响应面法分析旋转剪切滑坡稳定性时，采用了三维严格极限平衡来获取输出响应值，使得边坡稳定性分析更为严谨可靠。

# 第五章　基于随机场与 FOSM 的空间共线性表征及可靠度分析

第三章和第四章提出的基于 SOED 的非共线性响应面法和基于均匀设计和 LASSO 回归的响应面法都适用于岩质边坡的功能函数不太明确时，然后采用这些新响应面法来构建功能函数。然而，对于较为简单的平面剪切滑坡，可以根据几何关系和力学分析，直接推导边坡安全系数表达式，并根据极限状态函数(即安全系数等于 1)构建功能函数。但为了研究平面剪切滑坡的不确定性问题，采用可靠度方法时，同样需要考虑共线性问题。本章首先研究了岩体参数的共线性问题，然后采用随机场理论对其参数空间共线性进行了表征，并基于随机场理论与一阶二矩法(FOSM)推导了二维和三维单平面剪切滑坡中安全系数和可靠度之间的关系。

岩质边坡破坏模式有很多种，根据滑面的形状，可分为单平面剪切滑动和旋转剪切滑动[165]。其中单平面剪切滑动比较简单，一般需满足下列条件[165]：

①滑面走向与坡面平行或接近平行。

②破坏面须在边坡面露出，即倾角小于坡面的倾角。

③破坏面的倾角必须大于该面的摩擦角。

④岩体中必须存在对于滑移仅有很小阻力的节理面。

单平面剪切滑坡涉及的滑面为一平面，因而维度仅分为一维和二维问题；而对整个边坡而言，是二维边坡和三维边坡问题。

根据第一章 1.3.1 节总结，FOSM 计算结果精确，但缺陷是必须明确功能函数。而单平面剪切滑坡的功能函数很好推导，因而此时可考虑 FOSM 分析单平面剪切滑坡可靠度。对于共线性问题，在采用 FOSM 需要考虑进来。另一方面，随机场理论也适用于研究对象具有明确功能函数表达式，并且随机场理论可以将参数随机特征很好地表征。因而，结合随机场理论与 FOSM 方法研究平面剪切滑坡可实现可靠度分析。

## 5.1　引言

对于很多工程师而言，采用可靠度方法分析岩土工程稳定性在国内还没大范围展开。不难断定，失效概率(可靠度)和安全系数存在反相关的关系[166]，即安全系数越高，失效概率越小；安全系数越低，失效概率越大。那么这两者可否有一个函数或者公式来表示呢？如果可以，那么即使不懂可靠度的工程师在岩土设计时，也可以根据安全系数及其对应可靠度指标来进行综合考虑就可以满足工程稳定性需求。

随机场理论可以将这些不确定性都考虑进来并进行量化，即用参数的自相关、参数间的互相关和空间变异性等来表示[167-170]。因而，将随机场理论应用于边坡稳定性分析具有很重要意义。

随机场理论的特点在于可很好将随机变量的不确定性表征出来，包括均值、标准差、自相关和互相关等特点。涉及多个变量，也可以采用互相关函数来表示并运用于计算。FOSM计算结果精确，但缺陷是必须明确功能函数。而单平面剪切滑坡的功能函数很好推导，因而此时可考虑结合随机场理论与FOSM分析单平面剪切滑坡可靠度。

## 5.2 考虑高阶项的岩体参数共线性问题

首先，根据参数相关性和共线性定义，可以发现两者是等价的。但参数相关性一本考虑低阶项和低阶项的关系，学者们很少考虑高阶项与低阶项，高阶项与高阶项的共线性(或相关性)。表5.1列举了某一地方的岩体参数勘察数据(高阶项及黏聚力、内摩擦角和容重的平方)[171]，采用共线性检测方法，对其高阶项的共线性进行了计算。计算结果如表5.2所示。根据表5.2，当把黏聚力当作因变量时，黏聚力与内摩擦角及其他高阶项存在多重共线性。需要指出的是，表5.2只考虑了平方项，交互项考虑进来，同样发现了共线性问题，在此不一一赘述。

表5.1 某地的岩体勘察数据

Table 5.1 Survey data of rock mass at somewhere

| 编号 | 黏聚力/kPa | 内摩擦角/° | 容重/(kN/m$^3$) | 编号 | 黏聚力/kPa | 内摩擦角/° | 容重/(kN/m$^3$) |
|---|---|---|---|---|---|---|---|
| 1 | 11.4 | 16.91 | 14.7 | 21 | 5.1 | 22.65 | 17.9 |
| 2 | 10.8 | 23.87 | 21.5 | 22 | 15 | 19.33 | 19.8 |
| 3 | 31.5 | 13.51 | 29.8 | 23 | 19.2 | 18.07 | 27.5 |
| 4 | 29.4 | 16.11 | 17.6 | 24 | 10.5 | 19.33 | 18.5 |
| 5 | 14.4 | 19.33 | 27 | 25 | 1.9 | 19.16 | 20 |
| 6 | 21.6 | 20.51 | 25.3 | 26 | 11.1 | 17.5 | 16.4 |
| 7 | 11.6 | 24.12 | 30.2 | 27 | 11.9 | 23.34 | 19.2 |
| 8 | 19.8 | 15.27 | 26 | 28 | 27 | 18.98 | 23 |
| 9 | 22.5 | 15.48 | 21.3 | 29 | 14.4 | 27.61 | 25.2 |
| 10 | 6.3 | 22.79 | 12 | 30 | 2 | 26.22 | 13 |
| 11 | 12.8 | 16.51 | 24.2 | 31 | 5.7 | 18.62 | 14.3 |
| 12 | 9 | 13.74 | 15.9 | 32 | 26.3 | 10.41 | 21.2 |
| 13 | 1.5 | 20.18 | 30.7 | 33 | 24 | 19.51 | 18.5 |
| 14 | 20.3 | 30.48 | 24.5 | 34 | 24.8 | 10.41 | 21.5 |
| 15 | 9 | 27.98 | 17.3 | 35 | 9.8 | 15.48 | 18.4 |
| 16 | 12.8 | 27.98 | 18.9 | 36 | 11.3 | 24.37 | 16.9 |
| 17 | 6.8 | 28.59 | 25.9 | 37 | 9.8 | 24.98 | 23.3 |
| 18 | 25.5 | 21.62 | 16.5 | 38 | 9 | 23.34 | 17.3 |
| 19 | 26.6 | 17.11 | 17.2 | | | | |
| 20 | 16.2 | 20.51 | 20 | | | | |

表 5.2　　6 因素的均匀设计样本点共线性情况($z_1$ 作为因变量)

Table 5.2　The multicollinearity of sampling points in Uniform Design with 6 variables

| 模型 | 共线性统计量 | |
|---|---|---|
| | 容差 TOL | VIF |
| (因变量)黏聚力 | | |
| 内摩擦角 | 0.018 | 56.532 |
| 容重 | 0.013 | 75.185 |
| 黏聚力 * 黏聚力 | 0.670 | 1.492 |
| 内摩擦角 * 内摩擦角 | 0.018 | 54.365 |
| 容重 * 容重 | 0.013 | 74.105 |

可见，高阶项的存在共线性需采用第四章提出的响应面法来计算。但如果仅仅考虑低阶项，可以采用随机场理论和 FOSM 来计算边坡失效概率或可靠度指标。

## 5.3　一维随机场理论在二维平面剪切滑坡的应用

传统的安全系数法也可以用于处理边坡安全的不确定性问题，通常情况下都是取一个保守估计值，比如边坡工程安全系数一般取 1.25。然而，工程中很多以高安全系数设计的也会发生失稳，比如，在旧金山港建设码头的过程中，一个 75m 长的水下边坡发生了滑坡[166]，该水下边坡设计安全系数为 1.17；如本文绪论图 1.2 所示，浙江丽水的边坡人们已经加固，却仍然发生了滑坡[6]。

类似这样的滑坡案例发生主要原因是岩土体参数是赋存于自然界中经历过漫长的变化，赋存环境和条件具有复杂性和多变性等，而且人们不可能在事先搞得非常清楚，其中必然存在着很大认识不清、认识不准等不确定性因素。这警示我们在边坡稳定性分析时要将不确定性问题考虑进来。

### 5.3.1　随机场理论简介

随机场理论定义为：在特定的样本空间 $\Omega=\{0,1,\cdots,e-1\}^n$ 取样，所获取的随机变量 $X_i$ 所组成的 $s=\{X_1,\cdots,X_n\}$。若对所有的 $s\in\Omega$ 下式均成立，则称 $\Omega$ 为一个随机场，且 $\pi(s)>0$。随机场理论的本质是将随机变量的数据当作一条曲线或一个向量来处理，计算时将随机变量以自相关函数来表示[71,72]。图 5.1 中是某挡土墙设计土体黏聚力勘查数据，随机场理论就是将该参数当作随着空间变化的一个变量来处理。因而，变量的空间变异性可以被表征。自相关函数用来表达随机变量自身的空间变异性，其表达式为

$$R(\tau)=E[x(t)x(t+\tau)] \tag{5.1}$$

随机场理论涉及两个主要概念，自相关函数和互相关函数。学者采用随机场理论对边坡稳定性局限于一维不确定性表征，并未采用二维随机场对安全系数与可靠度指标建立联系。本节研究了一维和二维随机场理论在平面剪切滑坡中的应用。

如图 5.2 所示，假设边坡沿着软弱结构面 ab 滑动；$L$ 表示滑面的 ab 总长度；$\beta_s$ 指的是

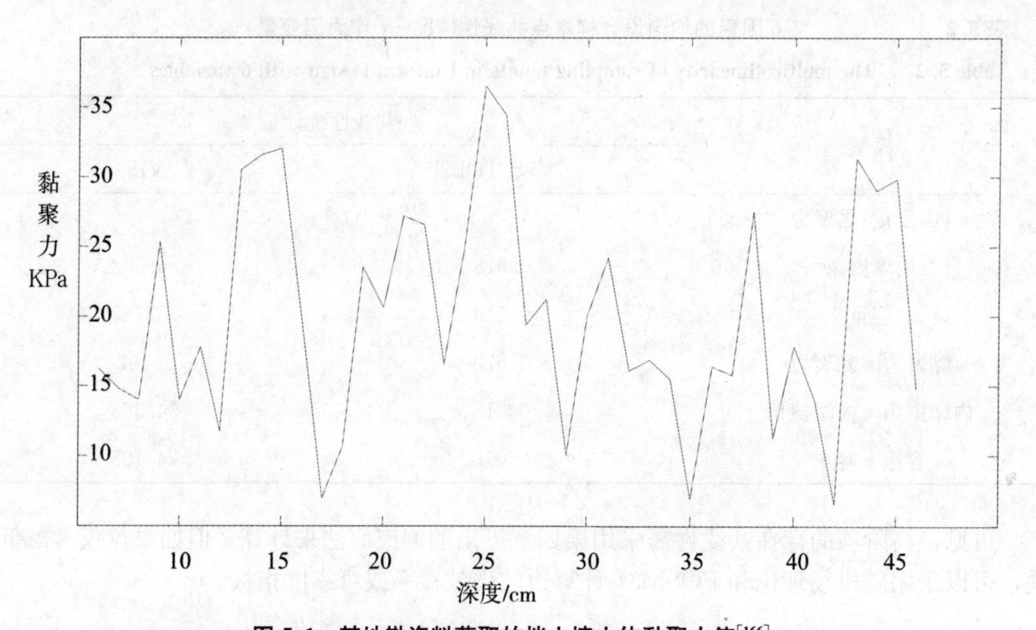


**图 5.1 某地勘资料获取的挡土墙土体黏聚力值**[166]

**Fig. 5.1 The soil conhension from in-situ survey of a retaining wall**[166]

边坡的坡脚，$\beta_d$ 表示边坡滑裂面夹角。$W$ 为滑块重量，图中黑点为滑块重心。当黏聚力和内摩擦角考虑为常数时，边坡安全系数为

$$F=\frac{cL+N\tan\varphi}{S} \tag{5.2}$$

其中 $S$ 为下滑力，$c$ 为滑面上的黏聚力，$\varphi$ 为软弱滑面的内摩擦角，$N$ 为作用于滑面的正应力。

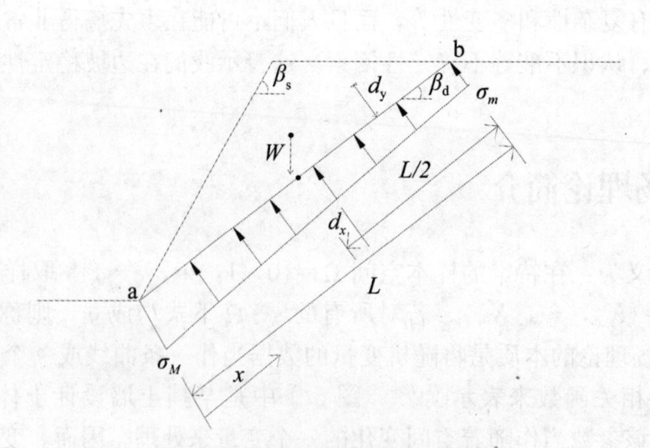


**图 5.2 边坡单平面剪切滑动模型**

**Fig. 5.2 Geometric elements of the planar sliding slope**

当假设黏聚力和内摩擦角为随机变量时，作用于滑面的反力将变成未知数，不妨假设反力为 $t(x)$，因而，式应该写成

$$F=\frac{\int[c(x)+t(x)\tan\varphi(x)]\,\mathrm{d}x}{W\sin\beta_d} \tag{5.3}$$

其中，$c(x)$和$\varphi(x)$分别为作用于滑面的黏聚力和内摩擦角。假设$c(x)$和$\varphi(x)$都符合高斯正态随机场，则两者存在期望值$\mu_c$和$\mu_{\tan\varphi}$。

## 5.3.2 仅考虑 φ 为随机变量

当只把内摩擦角考虑为随机变量时，根据摩尔库伦准则，式(5.2)的安全系数$F$可以写出以下形式

$$F=\frac{cL+\int_0^L t(x)\tan\varphi(x)\,\mathrm{d}x}{W\sin\beta_d} \tag{5.4}$$

其中，$t(x)$指的是作用于岩石滑裂面上的正应力；$\tan\varphi(x)$指的是沿着滑裂面的摩擦系数函数，该函数沿着滑裂平面的$x$方向布置；$c$指的是沿着滑裂面的黏聚力。另外，在平面 ab 上，高斯随机场$\tan\varphi(x)$存在期望值$\mu_{\tan\varphi}$。

如图 5.2 所示，当黏聚力作为随机变量时，作用于岩石滑块底部的正应力是不规则分布的，也就是存在偏心作用。最大和最小偏心荷载($\sigma_M$，$\sigma_m$)可表示为

$$\sigma_{M,m}=\frac{W\cos\beta_d}{L}\left(1\pm\frac{e_c}{L/6}\right) \tag{5.5}$$

其中偏心距$e_c$表达式为

$$e_c=\frac{W\cos\beta_d d_x+W\sin\beta_d \mathrm{d}_y}{W\cos\beta_d} \tag{5.6}$$

沿着滑面的不均匀反力可以表示为

$$t(x)=\frac{x}{L}\sigma_M+\frac{L-x}{L}\sigma_m=\frac{W\cos\beta_d}{L}\left[1+\left(\frac{x}{L}-\frac{1}{2}\right)\frac{2e_c}{L/6}\right] \tag{5.7}$$

我们不妨将公式(5.4)改写为

$$F=\frac{cL}{W\sin\beta_d}+\frac{R}{\tan\beta_d} \tag{5.8}$$

其中，$R=\frac{1}{L}\int_0^L\left[1+\left(\frac{x}{L}-\frac{1}{2}\right)\frac{2e_c}{L/6}\right]\tan\varphi(x)\,\mathrm{d}x$。假设摩擦系数$\tan\varphi(x)$为随机场，并存在特定的平均值$\mu_{\tan\varphi}$，标准差$\sigma^2_{\tan\varphi}$和协方差函数$C(x)$。需要指出的是，尽管高斯随机场可能取任何可能的实数值，当样本点超出了范围，其概率密度同样为 0。对于高斯随机变量可用下式表达其平均值，即对$R$求积分

$$\begin{aligned}E[R]&=\frac{1}{L}\int_0^L\left[1+\left(\frac{x}{L}-\frac{1}{2}\right)\frac{2e_c}{L/6}\right]E[\tan\varphi(x)]\,\mathrm{d}x\\&=\left[x+\left(\frac{x^2}{2L}-\frac{x}{2}\right)\frac{2e_c}{L/6}\right]\Big|_0^L\cdot\frac{1}{L}\mu_{\tan\varphi}\\&=\mu_{\tan\varphi}\end{aligned} \tag{5.9}$$

根据方差计算公式，

$$s^2_{\tan\varphi}=Var[R]=E[R^2]-\mu^2_{\tan\varphi} \tag{5.10}$$

由于$E[R^2]$涉及两个不同的摩擦系数，我们可以通过马尔科夫协方差函数来表征并计

算。随机场 $\tan\varphi(x)$ 的马尔科夫函数可表示成

$$C(x)=\sigma_{\tan\varphi}^{2}\exp\left[-\frac{2|x|}{\theta_L}\right] \tag{5.11}$$

其中 $\theta_L$ 是随机场 $\tan\varphi(x)$ 的相关长度[170]，相关长度即参数波动范围，相关长度越大，其马尔科夫函数值越小，则参数的离散程度越小，反之相反。确切地，不同的摩擦系数变化是，其期望值为

$$E[\tan\varphi(x)\tan\varphi(x')]=\mu_{\tan\varphi}^{2}+C(x-x') \tag{5.12}$$

则

$$E[R^2]=\frac{1}{L^2}\int_0^L \mathrm{d}x\int_0^L \mathrm{d}x'\left[1+\left(\frac{x}{L}-\frac{1}{2}\right)\frac{2e_c}{\frac{L}{6}}\right]\left[1+\left(\frac{x'}{L}-\frac{1}{2}\right)\frac{2e_c}{\frac{L}{6}}\right]E[\tan\varphi(x)\tan\varphi(x')]$$

$$=\mu_{\tan\varphi}^{2}+\frac{1}{L^2}\int_0^L \mathrm{d}x\int_0^L \mathrm{d}x'\left[1+\left(\frac{x}{L}-\frac{1}{2}\right)\frac{2e_c}{\frac{L}{6}}\right]\left[1+\left(\frac{x'}{L}-\frac{1}{2}\right)\frac{2e_c}{\frac{L}{6}}\right]C(x-x') \tag{5.13}$$

联合公式(5.10)－(5.13)，可知

$$s_{\tan\varphi}^{2}=\frac{\sigma_{\tan\varphi}^{2}}{L^2}\int_0^L \mathrm{d}x\int_0^L \mathrm{d}x'\left[1+\left(\frac{x}{L}-\frac{1}{2}\right)\frac{2e_c}{\frac{L}{6}}\right]\left[1+\left(\frac{x'}{L}-\frac{1}{2}\right)\frac{2e_c}{\frac{L}{6}}\right]\exp\left[-\frac{2|x-x'|}{\theta_L}\right] \tag{5.14}$$

对式(5.14)积分可得

$$s_{\tan\varphi}^{2}=\sigma_{\tan\varphi}^{2}\left[\gamma_0\left(\frac{L}{\theta_{\tan\varphi}}\right)+\left(\frac{2e_c}{\frac{L}{6}}\right)^2\gamma_1\left(\frac{L}{\theta_{\tan\varphi}}\right)\right] \tag{5.15}$$

其中，

$$\gamma_0\left(\frac{L}{\theta_{\tan\varphi}}\right)=\frac{1}{2\left(\frac{L}{\theta_{\tan\varphi}}\right)^2}\left[2\left(\frac{L}{\theta_{\tan\varphi}}\right)-1+e^{-2\left(\frac{L}{\theta_{\tan\varphi}}\right)}\right] \tag{5.16}$$

$$\gamma_1\left(\frac{L}{\theta_{\tan\varphi}}\right)=\frac{1}{24\left(\frac{L}{\theta_{\tan\varphi}}\right)}\left[2-\frac{3}{\frac{L}{\theta_{\tan\varphi}}}+\frac{3}{\left(\frac{L}{\theta_{\tan\varphi}}\right)^3}-\frac{3}{\frac{L}{\theta_{\tan\varphi}}}\left(1+\frac{1}{\frac{L}{\theta_{\tan\varphi}}}\right)^2e^{\frac{-2L}{\theta_{\tan\varphi}}}\right] \tag{5.17}$$

函数 $\gamma_0\left(\frac{L}{\theta_{\tan\varphi}}\right)$ 在马尔科夫过程经常遇到[167]，$\sigma_{\tan\varphi}^{2}\gamma_1\left(\frac{L}{\theta_{\tan\varphi}}\right)$ 是马尔科夫过程的方差。因此，R 可以看作一个新的高斯正态分布，其概率密度函数可以被表示为

$$R\sim N(\mu_{\tan\varphi},\ s_{\tan\varphi}^{2}) \tag{5.18}$$

事实上，当相关长度趋于无穷大的时候，协方差函数趋于 0，即，$\frac{L}{\theta_{\tan\varphi}}\to 0$，$\gamma_0\to 1$，$\gamma_1\to 0$，摩擦系数方差 $s_{\tan\varphi}^{2}$ 慢慢接近于点方差 $s_{\tan\varphi}^{2}$，则 Eq. (5.15)可以被重新写成

$$s_{\tan\varphi}^{2}=\sigma_{\tan\varphi}^{2}+O\left(\frac{L}{\theta_{L\tan\varphi}}\right) \tag{5.19}$$

此时，边坡的失效概率可以计算。安全系数 $F$ 实际上是 $R$ 的一个函数，因此安全系数实际上是另一个高斯随机变量并且可表示为

$$P(F<1)=P\left(Z<\tan\beta_d\left(1-\frac{cL}{W\sin\beta_d}\right)\right)=\phi\left(\frac{\tan\beta_d-\mu_{\tan\varphi}-\dfrac{cL}{(W\cos\beta_d)}}{s_{\tan\varphi}}\right) \tag{5.20}$$

对于确定性安全系数，实际上是摩擦系数取平均值时的安全系数，即

$$\bar{F}\equiv E[F]=\frac{cL}{W\sin\beta_d}+\frac{\mu_{\tan\varphi}}{\tan\beta_d} \tag{5.21}$$

### 5.3.3　$c$ 和 $\varphi$ 都作为随机变量

当摩擦系数和黏聚力均被当作随机场，那边坡的安全系数需重新表达，即

$$\bar{F}=\frac{\mu_c L}{W\sin\beta_d}+\frac{\mu_{\tan\varphi}}{\tan\beta_d} \tag{5.22}$$

高斯随机场 $c(x)$ 和 $\tan\varphi(x)$ 存在期望值 $\mu_c$ 和 $\mu_{\tan\varphi}$。安全系数的期望值 $\bar{F}\equiv E[F]$，需重新计算，即

$$E[\tan\varphi(x)\tan\varphi(x')]=\mu_{\tan\varphi}^2+C_{\tan\varphi}(x-x') \tag{5.23}$$

$$E[c(x)c(x')]=\mu_c^2+C_c(x-x') \tag{5.24}$$

$$E[\tan\varphi(x)c(x')]=\mu_c\mu_{\tan\varphi}+C_{c-\tan\varphi}(x-x') \tag{5.25}$$

公式(5.23)和(5.24)分别表示黏聚力和内摩擦角的自相关随机场，公式(5.25)表示俩变量的互相关随机场。自相关和互相关性函数可以表示为

$$C_{\tan\varphi}(x)=\sigma_{\tan\varphi}^2\exp\left[-\frac{2|x|}{\theta_{\tan\varphi}}\right] \tag{5.26}$$

$$C_c(x)=\sigma_c^2\exp\left[-\frac{2|x|}{\theta_c}\right] \tag{5.27}$$

$$C_{c-\tan\varphi}(x)=\rho_{c-\tan\varphi}\sigma_c\sigma_{\tan\varphi}\exp\left[-\frac{2|x|}{\theta_{c-\tan\varphi}}\right] \tag{5.28}$$

其中 $\sigma_{\tan\varphi}$ 和 $\sigma_c$ 分别表示摩擦系数和黏聚力的点方差；$\theta_{\tan\varphi}$ 和 $\theta_c$ 是摩擦系数和黏聚力的相关长度；参数 $\rho_{c-\tan\varphi}$ 指的是互相关系数，$\theta_{c-\tan\varphi}$ 是互相关长度。通常情况下，互相关长度被看作均匀布置，也就是说互相关长度为无限长，此时 $\theta_{c-\tan\varphi}=\infty$，并且与其相关的协方差函数就趋近于一个常数：$C_{c-\tan\varphi}(x,\ y)=\rho_{c-\tan\varphi}\sigma_c\sigma_{\tan\varphi}$。则安全系数的平方的期望和安全系数方差可以分别为

$$\begin{aligned}E[F^2]=&\left\{\mu_{\tan\varphi}^2+\frac{1}{L^2}\int_0^L dx\int_0^L dx'\left[1+\left(\frac{x}{L}-\frac{1}{2}\right)\frac{2e_c}{\frac{L}{6}}\right]\left[1+\left(\frac{x'}{L}-\frac{1}{2}\right)\frac{2e_c}{\frac{L}{6}}\right]C_{\tan\varphi}(x-x')\right\}\\&\frac{1}{\tan^2\beta_d}+\left\{\mu_c^2+\frac{1}{L^2}\int_0^L dx\int_0^L dx' C_c(x-x')\right\}\left(\frac{L}{W\sin\beta_d}\right)^2\\&+\left\{\mu_{\tan\varphi}\mu_c+\frac{2}{L^2}\int_0^L dx\int_0^L dx'\left[1+\left(\frac{x}{L}-\frac{1}{2}\right)\frac{2e_c}{\frac{L}{6}}\right]C_{c-\tan\varphi}(x-x')\right\}\frac{L\cos\beta_d}{W\sin^2\beta_d}\end{aligned} \tag{5.29}$$

因此，

$$s_F^2\equiv Var[F]=\frac{1}{\tan^2\beta_d}s_{\tan\varphi}^2+\left(\frac{L}{W\sin\beta_d}\right)^2 s_c^2+2\frac{L\cos\beta_d}{W\sin^2\beta_d}s_{c-\tan\varphi}^2 \tag{5.30}$$

其中，

$$s_{c-\tan\varphi}^2=\rho_{c-\tan\varphi}\sigma_{\tan\varphi}\sigma_c\gamma_0\left(\frac{L}{\theta_{c-\tan\varphi}}\right) \tag{5.31}$$

$$s_c^2=\sigma_c^2\gamma_0\left(\frac{L}{\theta_c}\right) \tag{5.32}$$

$s_{\tan\varphi}^2$ 在式(5.15)已经给出。函数 $\gamma_0\left(\frac{L}{\theta}\right)$ 在公式(5.16)已经定义。边坡失效概率此时可表示为

$$P(F<1)=\phi\left(\frac{1-\bar{F}}{s_F}\right) \tag{5.33}$$

具体算例本节重点放在二维随机场理论，在此主要介绍了两个算例，如图 5.3 和 5.4 所示。边坡模型为图 5.2 所示，计算参数如下：$c=40\text{kPa}$，$\beta_d=30°$，$L=10\text{m}$，$e_c=0.5$，$W=9000\text{kN/m}$。

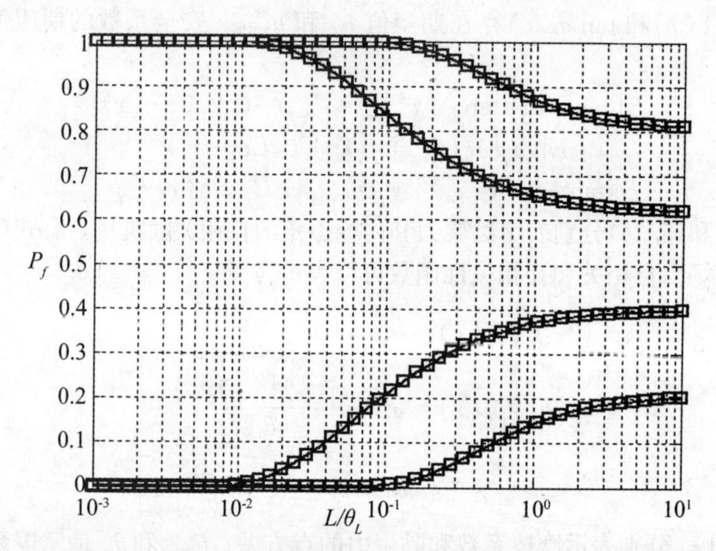


**图 5.3 当 $\sigma=\tan 5°$ 时，边坡失效概率随着摩擦角度变化及相关长度变化时情况(二维情况下)**

**Fig. 5.3 The $P_f$ of slopes changed with fixed $\sigma=\tan 5°$ and various μ values.**

观察图 5.3 和 5.4 可知，当边坡的确定性安全系数情况下小于 1 时，随着摩擦系数的相关长度变小，边坡失效概率逐渐趋于 100%；而当边坡的确定性安全系数大于 1 时，随着摩擦系数的相关长度变小，边坡失效概率逐渐趋于 0；当边坡的确定性安全系数等于 1 时，随着摩擦系数的相关长度变化，边坡失效概率基本不变化，一直等于 0.5。

## 5.4 二维随机场理论在三维平单面剪切滑坡的应用

由于上节所述为一维随机场，即只考虑边坡滑裂面上沿着平面方向的变异性，但黏聚力和内摩擦角可能在空间存在变异性，即垂直于滑面方向同样不均匀分布。这时候，我们需考虑采用二维随机场理论来分析单平面剪切滑坡稳定性。

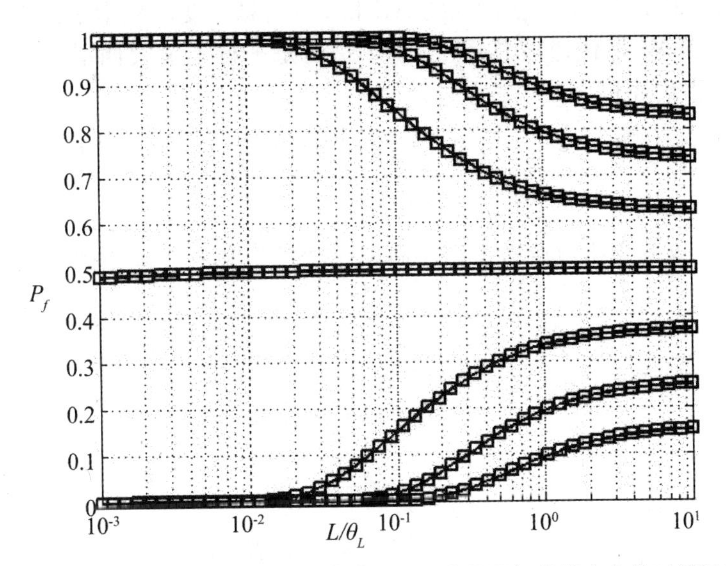


**图 5.4　当 $\sigma$ = tan 10°时，边坡失效概率随着摩擦角度变化及相关长度变化时情况（二维情况下）**

**Fig. 5.4　The $P_f$ of slopes changed with fixed $\sigma$ = tan 10° and various $\mu$ values**

## 5.4.1　边坡模型及二维相关函数

二维边坡模型如图 5.5 所示。假设岩石沿着 ACDF 面进行滑动。其中 $W$ 指岩体的重量，参考坐标系 $o-xyz$ 设置于滑体的底部。黏聚力和内摩擦角都可以当作随机场。为便于计算，孔隙水压、地震和其他可能的外荷载都未考虑。

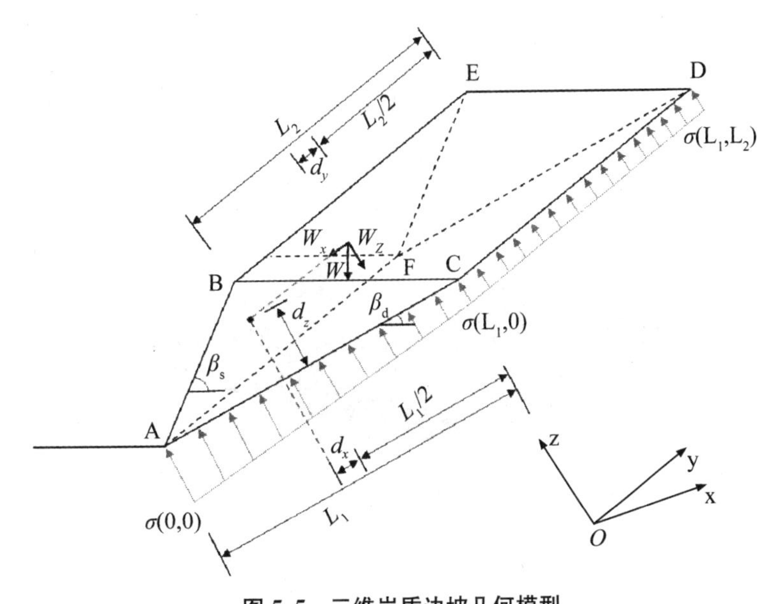


**图 5.5　三维岩质边坡几何模型**

**Fig. 5.5　Three-dimensional rock slope geometric model**

图 5.5 中，$L_1$ 和 $L_2$ 分别表示滑面的 AC 和 CD 的总长度；$\alpha$ 指的是边坡的坡脚，$\beta_d$ 表示边坡滑裂面夹角；$W$ 指代边坡总重量；$W_x$ 指的是平行于滑裂面滑动方向的重力分力；$W_z$ 指的是垂直于滑裂面移动方向的重力分力。

二维随机场理论，最核心的问题是边坡的偏心距如何选取以及二维自相关函数的表征。偏心距我们表示为，$x$ 方向的偏心距 $e_x=\frac{(W_z d_x+W_x d_z)}{W_z}$，$y$ 方向的偏心距 $e_y=d_y$。二维自相关函数可以分为指数函数类型、高斯函数类型和可分离指数函数类型[170]。如图 5.6 所示。

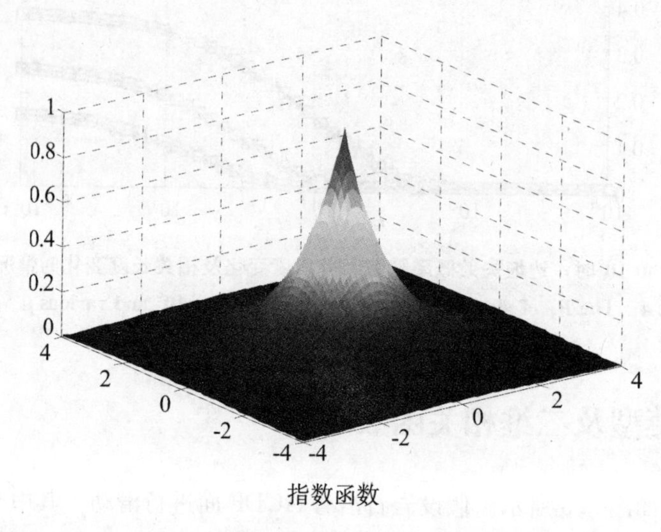

指数函数

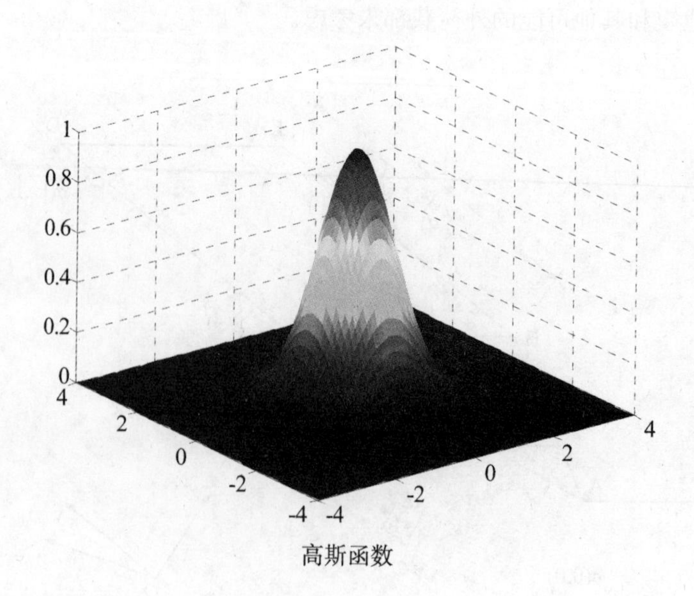

高斯函数

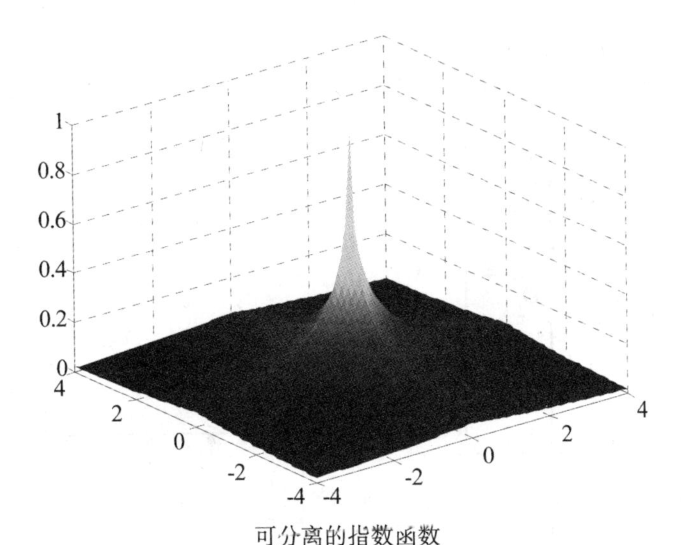


可分离的指数函数

**图 5.6　二维相关函数类型**

**Fig. 5.6　Different 2D correlation functions**

## 5.4.2　内摩擦角(系数)看作随机场

边坡安全系数可通过抗滑力与下滑力的比值来确定，根据摩尔库伦准则，安全系数 $F$ 可以写出以下形式

$$F=\frac{cL_1L_2+\int_0^{L2}\int_0^{L1}\sigma(x,\ y)\tan\varphi(x,\ y)\mathrm{d}x\mathrm{d}y}{W_x} \tag{5.34}$$

其中，$\sigma(x,\ y)$指的是作用于岩石滑裂面上的正应力；$\tan\varphi(x,\ y)$指的是沿着滑裂面的摩擦系数函数，该函数二维空间里，沿着滑裂平面的 $x$ 方向和 $y$ 方向的布置；$c$ 指的是沿着滑裂面的黏聚力；另外，在平面 ACDF 上，高斯随机场 $\tan\varphi(x,\ y)$存在期望值 $\mu_{\tan\varphi}$。

根据 Fenton 和 Vanmarcke[73] 提出的局部平均细化方法(local average subdivision, LAS)，在本章研究中，随机场为二维条件，$\tan\varphi(x,\ y)$被当作随机场并具有特定的随机特征，局部平均细化方法同样满足要求。

如图 5.7 所示，作用于岩石滑块底部的正应力可以通过偏心荷载计算公式来表示

$$\sigma(x,\ y)=\frac{W_z}{L_1L_2}+\frac{M_x}{I_x}y+\frac{M_y}{I_y}x \tag{5.35}$$

其中，$M_x$ 是偏心荷载作用下沿着图 5.7 中 $O_1O_3$ 轴的轴力矩。

$M_y$ 是偏心荷载作用下沿着图 5.7 中 $O_2O_4$ 轴的轴力矩。

$I_x$ 是沿着图 5.7 中的 $O_1O_3$ 轴的惯性面积矩。

$I_y$ 是沿着图 5.7 中的 $O_2O_4$ 轴的惯性面积矩。

根据以上所述，对于岩质边坡，边坡可能沿着软弱面出现平面剪切滑移，那么作用于滑裂面的正应力可以表示为

$$\sigma(x,\ y)=\frac{W_z}{L_1L_2}\left[1-\left(\frac{x}{L_1}-\frac{1}{2}\right)\frac{2e_x}{\frac{L_1}{6}}-\left(\frac{y}{L_2}-\frac{1}{2}\right)\frac{2e_y}{\frac{L_2}{6}}\right] \tag{5.36}$$

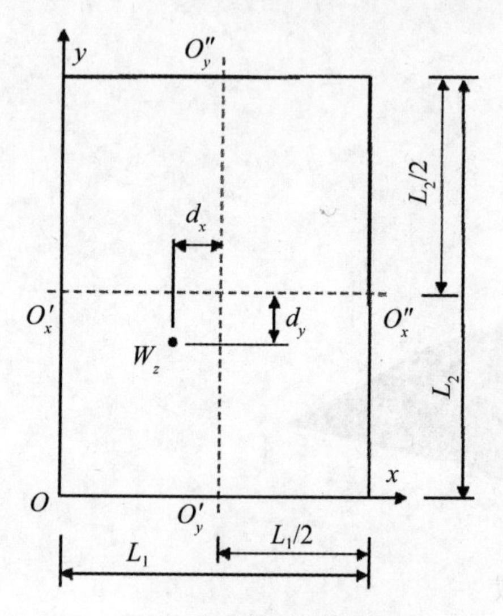


a 垂直偏心荷载投影

a. Projection of vertical eccentric load

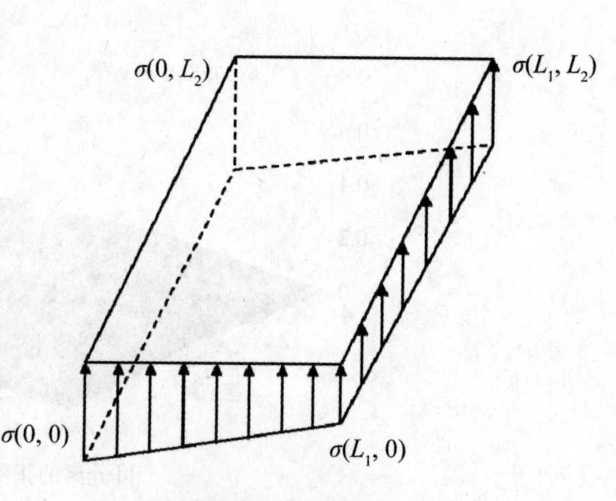


b 偏心荷载作用下边坡反力分布

b. Pressure distribution with bidirectional eccentricity

图 5.7 矩形面积偏心荷载压力分布

Fig. 5.7 Pressure distribution on rectangular area with eccentric load

其中，$x$ 方向的偏心距 $e_x=\frac{(W_z d_x + W_x d_z)}{W_z}$，$y$ 方向的偏心距 $e_y=d_y$。

则边坡的安全系数可简化表示为

$$F=\frac{cL_1L_2}{W_x}+\frac{W_z}{W_x}Z=\frac{cL_1L_2}{W\sin\beta}+\frac{Z}{\tan\beta} \tag{5.37}$$

其中

$$\begin{aligned} Z &\equiv \frac{1}{L_1L_2}\int_0^{L1}\int_0^{L2}\left[1-\left(\frac{x}{L_1}-\frac{1}{2}\right)\frac{\frac{2e_x}{L_1}}{6}-\left(\frac{y}{L_2}-\frac{1}{2}\right)\frac{\frac{2e_y}{L_2}}{6}\right]\tan\varphi(x, y)\,\mathrm{d}x\,\mathrm{d}y \\ &\equiv \frac{1}{L_1L_2}\int_0^{L1}\int_0^{L2}\sigma(x, y)\tan\varphi(x, y)\,\mathrm{d}x\,\mathrm{d}y \end{aligned} \tag{5.38}$$

假设摩擦系数 $\tan\varphi(x, y)$ 为随机场，并存在特定的平均值 $\mu_{\tan\varphi}$，标准差 $\sigma^2_{\tan\varphi}$ 和协方差函数 $C(x, y)$。需要指出的是，尽管高斯随机场可能取任何可能的实数值，当样本点超出了范围，其概率密度同样为 0。对于高斯随机变量可用下式表达其平均值

$$\begin{aligned} E[Z] &= \frac{1}{L_1L_2}\int_0^{L1}\int_0^{L2}\mathrm{t}(x, y)\mathrm{E}[\tan\varphi(x, y)]\,\mathrm{d}x\,\mathrm{d}y \\ &= \frac{1}{L_1L_2}\int_0^{L1}\int_0^{L2}\left[1+\left(\frac{x}{L_1}-\frac{1}{2}\right)\frac{\frac{2e_x}{L_1}}{6}+\left(\frac{y}{L_2}-\frac{1}{2}\right)\frac{\frac{2e_y}{L_2}}{6}\right]\mu_{\tan\varphi}\,\mathrm{d}x\,\mathrm{d}y=\mu_{\tan\varphi} \end{aligned} \tag{5.39}$$

Z 的方差为

$$s^2_{\tan\varphi}=\mathrm{Var}[Z]=\mathrm{E}[Z^2]-\mu^2_{\tan\varphi} \tag{5.40}$$

摩擦系数的马尔科夫协方差函数可表示为

$$
\begin{aligned}
C(x, y) &= \sigma_{\tan\varphi}^2 \rho(x, y) \\
&= \sigma_{\tan\varphi}^2 \exp\left[-\frac{2}{\theta_{\tan\varphi}}(|x|+|y|)\right] \\
&= \sigma_{\tan\varphi}^2 \exp\left[-\frac{2|x|}{\theta_1}\right]\exp\left[-\frac{2|y|}{\theta_2}\right]
\end{aligned} \tag{5.41}
$$

其中 $\theta$ 是随机场 $\tan\varphi(x, y)$ 的相关长度。确切地，不同的摩擦系数变化是，其期望值为

$$
E[\tan\varphi(x, y)\tan\varphi(x', y')] = \mu_{\tan\varphi}^2 + C(x-x', y-y') \tag{5.42}
$$

那么 $Z^2$ 的期望值为

$$
\begin{aligned}
E[Z^2] = & \frac{1}{L_1^2L_2^2}\int_0^{L1}\int_0^{L2}\mathrm{d}x'\mathrm{d}y'\int_0^{L1}\int_0^{L2}\mathrm{d}x\mathrm{d}y\left\{\left[1+\left(\frac{x'}{L_1}-\frac{1}{2}\right)\frac{2e_x}{\frac{L_1}{6}}+\left(\frac{y'}{L_2}-\frac{1}{2}\right)\frac{2e_y}{\frac{L_2}{6}}\right]\right. \\
& \left.\times\left[1+\left(\frac{x}{L_1}-\frac{1}{2}\right)\frac{2e_x}{\frac{L_1}{6}}+\left(\frac{y}{L_2}-\frac{1}{2}\right)\frac{2e_y}{\frac{L_2}{6}}\right]E[\tan(x, y)\tan(x', y')]\right\} \\
= & \frac{1}{L_1^2L_2^2}\int_0^{L1}\int_0^{L2}\mathrm{d}x'\mathrm{d}y'\int_0^{L1}\int_0^{L2}\mathrm{d}x\mathrm{d}y t(x, y)t(x', y')E[\tan(x, y)\tan(x', y')] \\
= & \mu_{\tan\varphi}^2 + \frac{1}{L_1^2L_2^2}\int_0^{L1}\int_0^{L2}\mathrm{d}x'\mathrm{d}y'\int_0^{L1}\int_0^{L2}\mathrm{d}x\mathrm{d}y t(x, y)t(x', y')C(x-x', y-y')
\end{aligned} \tag{5.43}
$$

为求解摩擦系数的方差，可通过式(5.42)结合方差的定义来求解

$$
\begin{aligned}
s_{\tan\varphi}^2 &= \mathrm{Var}[Z] = E[Z^2] - \mu_{\tan\varphi}^2 \\
&= \frac{1}{L_1^2L_2^2}\int_0^{L1}\int_0^{L2}\mathrm{d}x'\mathrm{d}y'\int_0^{L1}\int_0^{L2}\mathrm{d}x\mathrm{d}y\sigma(x, y)\sigma(x', y')C(x-x', y-y') \\
&= \frac{\sigma_{\tan\varphi}^2}{L_1^2L_2^2}\int_0^{L1}\int_0^{L2}\mathrm{d}x'\mathrm{d}y'\int_0^{L1}\int_0^{L2}\mathrm{d}x\mathrm{d}y\sigma(x, y)\sigma(x', y')C(x-x', y-y') \\
&= \sigma_{\tan\varphi}^2\left[\gamma_1 + \left(\frac{2e_x}{\frac{L_1}{6}}\right)^2\gamma_2 + \left(\frac{2e_y}{\frac{L_2}{6}}\right)^2\gamma^3\right]
\end{aligned} \tag{5.44}
$$

其中，

$$
\gamma_1\left(\frac{L_1}{\theta_1}, \frac{L_2}{\theta_2}\right) = \frac{\left[\frac{2L_1}{\theta_1}+\exp\left\{-2\left(\frac{L_1}{\theta_1}\right)\right\}-1\right]\times\left[\frac{2L_1}{\theta_2}+\exp\left\{-2\left(\frac{L_2}{\theta_2}\right)\right\}-1\right]}{4\left(\frac{L_1}{\theta_1}\right)^2\left(\frac{L_2}{\theta_2}\right)^2} \tag{5.45}
$$

$$
\gamma_2\left(\frac{L_1}{\theta_1}, \frac{L_2}{\theta_2}\right) = \frac{\dfrac{3+2\left(\frac{L_1}{\theta_1}\right)^3-3\left(\frac{L_1}{\theta_1}\right)^2-3\left(\frac{L_1}{\theta_1}\right)^2\exp\left[-\frac{2L_1}{\theta_1}\right]-\frac{6L_1}{\theta_1}\exp\left[-\frac{2L_1}{\theta_1}\right]-3\exp\left[-\frac{2L_1}{\theta_1}\right]}{48\left(\frac{L_1}{\theta_1}\right)^4\left(\frac{L_2}{\theta_2}\right)^2}}{\left[\frac{2L_2}{\theta_2}+\exp\left\{-\frac{2L_2}{\theta_2}\right\}-1\right]} \tag{5.46}
$$

$$\gamma_3\left(\frac{L_1}{\theta_1},\frac{L_2}{\theta_2}\right)=\frac{3+2\left(\frac{L_2}{\theta_2}\right)^3-3\left(\frac{L_2}{\theta_2}\right)^2-3\left(\frac{L_2}{\theta_2}\right)^2\exp\left[-\frac{2L_2}{\theta_2}\right]-\frac{6L_2}{\theta_2}\exp\left[-\frac{2L_2}{\theta_2}\right]-3\exp\left[-\frac{2L_2}{\theta_2}\right]}{\frac{48\left(\frac{L_2}{\theta_2}\right)^4\left(\frac{L_1}{\theta_1}\right)^2}{\left[\frac{2L_1}{\theta_1}+\exp\left\{-\frac{2L_1}{\theta_1}\right\}-1\right]}} \tag{5.47}$$

函数 $\gamma_1\left(\frac{L_1}{\theta_1},\frac{L_2}{\theta_2}\right)$ 为马尔科夫过程相关长度，$\sigma^2_{\tan\varphi}\gamma_1\left(\frac{L_1}{\theta_1},\frac{L_2}{\theta_2}\right)$ 是马尔科夫过程的方差。函数 $\gamma_2\left(\frac{L_1}{\theta_1},\frac{L_2}{\theta_2}\right)$ 和 $\gamma_3\left(\frac{L_1}{\theta_1},\frac{L_2}{\theta_2}\right)$ 与沿着滑裂面的正应力密切相关。

因此，$Z$ 可以看作一个新的高斯正态分布，其概率密度函数可以被表示为

$$Z\sim N(\mu_{\tan\varphi},\ s^2_{\tan\varphi}) \tag{5.48}$$

事实上，当相关长度趋于无穷大的时候，协方差函数趋于0，即，$\left(\frac{L_1}{\theta_1},\frac{L_2}{\theta_2}\right)\to(0,0)$，$\gamma_1\to1$，$\gamma_2\to0$，$\gamma_3\to0$。摩擦系数方差 $s^2_{\tan\varphi}$ 慢慢接近于点方差 $s^2_{\tan\varphi}$，则公式(5.44)可以被重新写成

$$s^2_{\tan\varphi}=\sigma^2_{\tan\varphi}+O\left(\frac{L_1}{\theta_1},\frac{L_2}{\theta_2}\right) \tag{5.49}$$

此时，边坡的失效概率可以计算。安全系数 $F$ 实际上是 $Z$ 的一个函数，因此安全系数实际上是另一个高斯随机变量并且可表示为

$$\begin{aligned}P(F<1)&=P\left[Z<\tan\beta_d\left(1-\frac{cL_1L_2}{W\sin\beta_d}\right)\right]\\&=\Phi\left(\frac{\tan\beta_d-\mu_{\tan\varphi}-\frac{cL_1L_2}{(W\sin\beta_d)}}{s_{\tan\varphi}}\right)\end{aligned} \tag{5.50}$$

然后，对于确定性安全系数，实际上是摩擦系数取平均值时的安全系数，即

$$\bar{F}\equiv E[F]=\frac{cL_1L_2}{W\sin\beta_d}+\frac{\mu_{\tan\varphi}}{\tan\beta_d} \tag{5.51}$$

将式(5.51)代入式(5.50)，失效概率可以写成

$$P(F<1)=\Phi\left(\frac{\tan\beta_d}{s_{\tan\varphi}}(1-\bar{F})\right) \tag{5.52}$$

根据式(5.52)，可以得到

$$\bar{F}\geqslant1-z\frac{s_{\tan\varphi}}{\tan\beta_d} \tag{5.53}$$

其中，$z$ 通过正态分布 $\Phi(z)=P_{f\max}$ 来确定。

### 5.4.3　内摩擦角和黏聚力均作为随机场

当摩擦系数和黏聚力均被当作随机场，那边坡的安全系数需出现表达，即

$$F=\frac{\int_0^{L_1}\int_0^{L_2}\{c(x,y)+\sigma(x,y)\tan\varphi(x,y)\}\,\mathrm{d}x\,\mathrm{d}y}{W\sin\beta_d} \tag{5.54}$$

高斯随机场 $c(x, y)$ 和 $\tan\varphi(x, y)$ 存在期望值 $\mu_c$ 和 $\mu_{\tan\varphi}$。安全系数的期望值 $\overline{F} \equiv E[F]$，需重新计算，即

$$\overline{F}=\frac{\int_0^{L_1}\int_0^{L_2}\{E[c(x, y)]+\sigma(x, y)E[\tan\varphi(x, y)]\}\mathrm{d}x\mathrm{d}y}{W\sin\beta_d}$$

$$=\frac{L_1L_2E[c(x, y)]}{W\sin\beta_d}+\frac{E[Z(x, y)]}{\tan\beta_d}$$

$$=\frac{L_1L_2\mu_c}{W\sin\beta_d}+\frac{\mu_{\tan\varphi}}{\tan\beta_d} \tag{5.55}$$

根据涂帆[142]研究，黏聚力和摩擦角存在负相关性，因而当两者均为高斯随机场时，需将两者的相关性考虑进来。自相关和互相关性函数可以表示为

$$E[\tan\varphi(x, y)\tan(x', y')]=\mu_{\tan\varphi}^2+C_{\tan\varphi}(x-x', y-y') \tag{5.56}$$

$$E[c(x, y)c(x', y')]=\mu_c^2+C_c(x-x', y-y') \tag{5.57}$$

$$E[\tan\varphi(x, y)c(x', y')]=\mu_{\tan\varphi}\mu_c+C_{c-\tan\varphi}(x-x', y-y') \tag{5.58}$$

其中，公式(5.56)和(5.57)分别表示摩擦系数和黏聚力的自相关随机场，而式(5.58)表示两者之间的互相关函数。每个协方差函数都假设为马尔科夫形式，即

$$C_{\tan\varphi}(x, y)=\sigma_{\tan\varphi}^2\exp\left[-\frac{2(|x|+|y|)}{\theta_{\tan\varphi}}\right]=\sigma_{\tan\varphi}^2\exp\left[-\frac{2|x|}{\theta_1}\exp\left[-\frac{2|y|}{\theta_2}\right]\right] \tag{5.59}$$

$$C_c(x, y)=\sigma_c^2\exp\left[-\frac{2|x|}{\theta_{1c}}\right]\exp\left[-\frac{2|y|}{\theta_{2c}}\right] \tag{5.60}$$

$$C_{c-\tan\varphi}(x, y)=\rho_{c-\tan\varphi}\sigma_c\sigma_{\tan\varphi}\exp\left[-\frac{2|x|}{\theta_{1c-\tan\varphi}}\right]\exp\left[-\frac{2|y|}{\theta_{2c-\tan\varphi}}\right] \tag{5.61}$$

其中 $\sigma_{\tan\varphi}$ 和 $\sigma_c$ 分别表示摩擦系数和黏聚力的点方差；$\theta_{\tan\varphi}$ 和 $\theta_c$ 是摩擦系数和黏聚力的相关长度；参数 $\rho_{c-\tan\varphi}$ 指的是互相关系数，$\theta_{c-\tan\varphi}$ 是互相关长度。通常情况下，互相关长度被看作均匀布置，也就是说互相关长度为无限长，此时 $\theta_{c-\tan\varphi}=\infty$，并且与其相关的协方差函数就趋近于一个常数：$C_{c-\tan\varphi}(x, y)=\rho_{c-\tan\varphi}\sigma_c\sigma_{\tan\varphi}$。则安全系数的平方的期望和安全系数方差可以分别为

$$E[F^2]=\int_0^{L_1}\int_0^{L_2}\mathrm{d}x'\mathrm{d}y'\int_0^{L_1}\int_0^{L_2}\left\{\frac{1}{W^2\sin^2\beta_d}E[c(x, y)c(x', y')]\right.$$
$$\left.+\frac{E[Z(x, y)Z(x', y')]}{\tan^2\beta_d}+\frac{2L_1L_2}{W\tan\beta_d\sin\beta_d}E[c(x, y)Z(x', y')]\right\}\mathrm{d}x\mathrm{d}y \tag{5.62}$$

$$s_F^2\equiv\mathrm{Var}[F]=E[F^2]-\overline{F}^2=\frac{L_1^2L_2^2}{W^2\sin^2\beta_d}s_c^2+\frac{1}{\tan^2\beta_d}s_{\tan\varphi}^2+\frac{2L_1L_2}{W\tan\beta_d\sin\beta_d}s_{c-\tan\varphi}^2 \tag{5.63}$$

其中

$$s_c^2=\sigma_c^2\gamma_1\left(\frac{L_1}{\theta_{1c}}, \frac{L_2}{\theta_{2c}}\right) \tag{5.64}$$

$$s_{c-\tan\varphi}^2=\rho_{c-\tan\varphi}\sigma_c\sigma_{\tan\varphi}\gamma_1\left(\frac{L_1}{\theta_{1c-\tan\varphi}}, \frac{L_2}{\theta_{2c-\tan\varphi}}\right) \tag{5.65}$$

摩擦系数方差在式(5.49)已经给出 $s_{\tan\varphi}^2$，函数 $\gamma_1\left(\frac{L_1}{\theta_1}, \frac{L_2}{\theta_2}\right)$ 可以通过式(5.45)来定义。

那么边坡失效概率为

$$P(F<1)=\Phi\left(\frac{1-\overline{F}}{s_F}\right) \tag{5.66}$$

比较式(5.66)和式(5.52)可以发现，当黏聚力随机场为不相关时，式(5.66)可以推导成式(5.52)。

### 5.4.4 计算结果的无量纲化表达形式

为便于安全系数的表示，Pantelidis 和 Psaltou 在分析土质边坡的稳定性时提出了一个无量纲表达式[172]，即

$$\Lambda_{c\varphi}=\frac{\left(\frac{W}{L_1L_2}\right)\mu_{\tan\varphi}\cos\beta_d}{\mu_c} \tag{5.67}$$

其中 $\Lambda_{c\varphi}$定义为无量纲参数的自然相似参数。

对比式(5.67)和式(5.55)，很容易发现式(5.55)可以被重新写成

$$\overline{F}=\frac{\mu_{\tan\varphi}}{\tan\beta_d}\left(1+\frac{1}{\Lambda_{c\varphi}}\right) \tag{5.68}$$

变异系数可反映随机变量的波动高低程度，引入边坡摩擦系数和黏聚力的变异系数，即 $COV_{\tan\varphi}=\frac{\sigma_{\tan\varphi}}{\mu_{\tan\varphi}}$以及 $COV_c=\frac{\sigma_c}{\mu_c}$。则安全系数的方差可以写成

$$\begin{aligned}s_F^2=\frac{\mu_{\tan\varphi}^2}{\tan^2\beta_d}\Bigg\{&COV_{\tan\varphi}^2\left[\gamma_1\left(\frac{L_1}{\theta_1},\frac{L_2}{\theta_2}\right)+\left(\frac{2e_x}{\frac{L_1}{6}}\right)^2\gamma_2\left(\frac{L_1}{\theta_1},\frac{L_2}{\theta_2}\right)\right.\\&\left.+\left(\frac{2e_y}{\frac{L_2}{6}}\right)^2\gamma_3\left(\frac{L_1}{\theta_1},\frac{L_2}{\theta_2}\right)\right]+\frac{COV_c^2}{\Lambda_{c\varphi}^2}\gamma_1\left(\frac{L_1}{\theta_{1c}},\frac{L_2}{\theta_{2c}}\right)\\&+\frac{2}{\Lambda_{c\varphi}}\rho_{c-\tan\varphi}COV_cCOV_{\tan\varphi}\gamma_1\left(\frac{L_1}{\theta_{1c-\tan\varphi}},\frac{L_2}{\theta_{2c-\tan\varphi}}\right)\Bigg\}\end{aligned} \tag{5.69}$$

通过量化后，式(5.66)的失效概率可以计算得到。观察式(5.68)可以发现黏聚力的随机场是通过因素$\frac{COV_c}{\Lambda c\varphi}$来衡量，而摩擦系数的随机场则通过 $COV_{\tan\varphi}$来衡量。

## 5.5 算例分析

### 5.5.1 算例1：仅摩擦系数为随机变量

边坡模型为图5.5所示，计算参数如下：$c=40\text{kPa}$，$\beta_d=30°$，$L_1=10\text{m}$，$e_x=1\text{m}$，$e_y=0.5\text{m}$，$W=180000\text{kN}$，$L_2=20\text{m}$。图5.8绘制了当摩擦角标准差为10°时，边坡随着摩擦角变化和相关长度变化时的失效概率变化情况；图5.9画出了当摩擦角标准差为5°时，边坡随着摩擦角变化和相关长度变化时的失效概率情况。上述两个算例均把沿着滑裂面的黏聚力当为常数。图5.8和5.9中，不同的平均值均存在对应的确定性情况下安全系数。

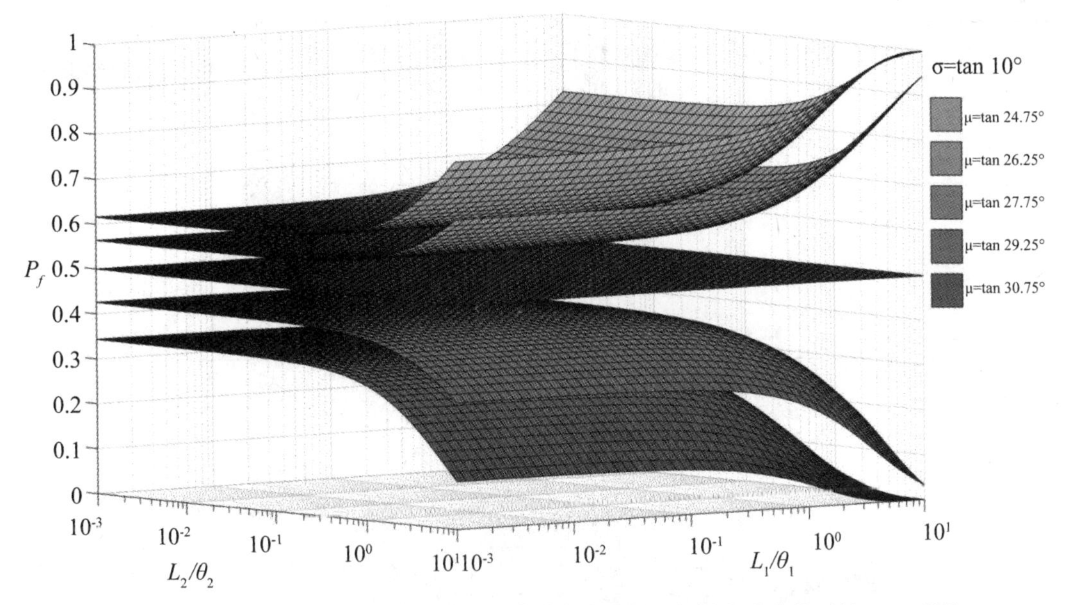


**图 5.8　当 $\sigma$ = tan 10°时，边坡失效概率随着摩擦角度变化及相关长度变化时情况（三维情况下）**

**Fig. 5.8　The $P_f$ of slopes changed with fixed $\sigma$ = tan 10° and various $\mu$ values.**

通过图 5.8 和图 5.9 可以发现，当 $x$ 方向和 $y$ 方向的相关长度($\theta_1$，$\theta_2$)远远大于滑裂面长度($L_1$，$L_2$)时，则$\left(\frac{L_1}{\theta_1}, \frac{L_2}{\theta_2}\right)$趋于(0，0)。确切而言，式(5.49)中，方差 $s^2_{\tan\varphi}$接近于点方差 $\sigma^2_{\tan\varphi}$。当相关长度越来越小，边坡失效概率变化趋于稳定，表现为确定性方式。换言之，当边坡的确定性安全系数情况下小于 1 时，随着摩擦系数的相关长度变小，边坡失效概率逐渐趋于 1；而当边坡的确定性安全系数大于 1 时，随着摩擦系数的相关长度变小，边坡失效概率逐渐趋于 0；当边坡的确定性安全系数等于 1 时，随着摩擦系数的相关长度变化，边坡失效概率基本不变化，一直等于 0.5。通常情况下，方差变化越大，边坡失效概率变化也剧烈。这可以通过比较图 5.8 和图 5.9 来发现该现象，当相关长度很大时，方差越大，边坡失效概率偏离程度越强。为验证计算结果，采用蒙特卡罗法对其进行了计算。如表 5.3 所示。可以发现，两者计算结果基本一致。

**表 5.3　　使用不同方法计算边坡所得的失效概率**

**Table 5.3　　The probability of failure calculated with different methods**

| φ 的平均值 | 方差 $\sigma$ | 安全系数 $F$ 的期望值 | 随机场理论计算所得失效概率/% | 蒙特卡罗法结果/% |
|---|---|---|---|---|
| 24.75° | tan(10°) | 0.887 | 63.61 | 64.25 |
| 26.25° | tan(10°) | 0.943 | 56.13 | 57.17 |
| 27.75° | tan(10°) | 1.000 | 48.87 | 49.92 |
| 29.25° | tan(10°) | 1.059 | 40.24 | 42.41 |
| 30.75° | tan(10°) | 1.120 | 34.30 | 34.71 |

续表

| φ的平均值 | 方差σ | 安全系数 F 的期望值 | 随机场理论计算所得失效概率/% | 蒙特卡罗法结果/% |
|---|---|---|---|---|
| 24.75° | tan(5°) | 0.887 | 74.28 | 77.01 |
| 26.25° | tan(5°) | 0.943 | 63.87 | 64.41 |
| 27.75° | tan(5°) | 1.000 | 47.34 | 49.64 |
| 29.25° | tan(5°) | 1.059 | 33.67 | 34.62 |
| 30.75° | tan(5°) | 1.120 | 20.18 | 21.32 |

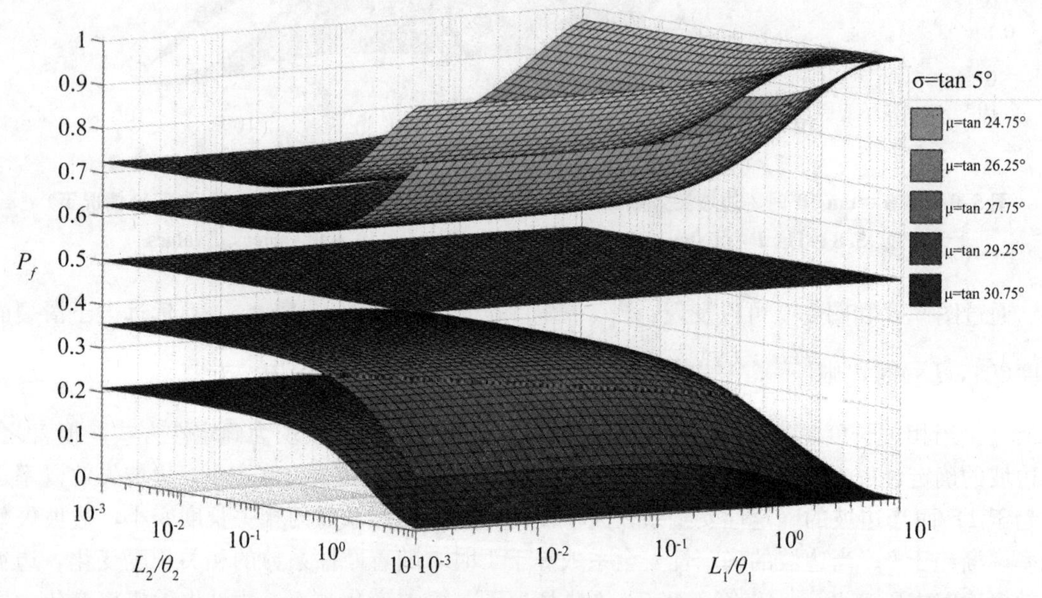


**图 5.9　当 $\sigma$=tan 5°时，边坡失效概率随着摩擦角度变化及相关长度变化时情况(三维情况下)**

**Fig. 5.9　The $P_f$ of slopes changed with fixed $\sigma$=tan 10° and various $\mu$ values**

## 5.5.2　算例 2：摩擦系数和黏聚力当作互为相关的随机场

根据式(5.63)和式(5.68)，边坡失效概率与四个未知变量$\left(\frac{L_1}{\theta_1},\ \frac{L_2}{\theta_2}\right)$，$\left(\frac{L_1}{\theta_{1c}},\ \frac{L_2}{\theta_{2c}}\right)$相关，为了便于计算，我们假定$\left(\frac{L_1}{\theta_1}=\frac{L_2}{\theta_2}\right)$，$\left(\frac{L_1}{\theta_{1c}}=\frac{L_2}{\theta_{2c}}\right)$，其他的参数为：$\mu_{\tan\varphi}=\tan(26°)$，$\mu_{\tan\varphi}=\tan(30°)$，$\sigma_{\tan\varphi}=\tan(5°)$，$\mu_c=40\text{kPa}$ 和 $\sigma_c=20\text{kPa}$。两个变量的相关系数 $\rho_{c-\tan\varphi}$ 均匀分布等于−0.2。图 5.10 绘制了当摩擦角为 26°和 30°，且摩擦角方差为 5°时，边坡随着相关长度变化时的失效概率变化情况。为验证计算结果，采用蒙特卡罗法对其进行了计算。当摩擦角为 26°且摩擦角方差为 5°时，两种方法计算结果分别为 66.72%和 65.65%；当摩擦角为 30°且摩擦角方差为 5°时，两种方法计算结果分别为和 28.93%和 30.2%，可以发现，两者计算结果基本一致。

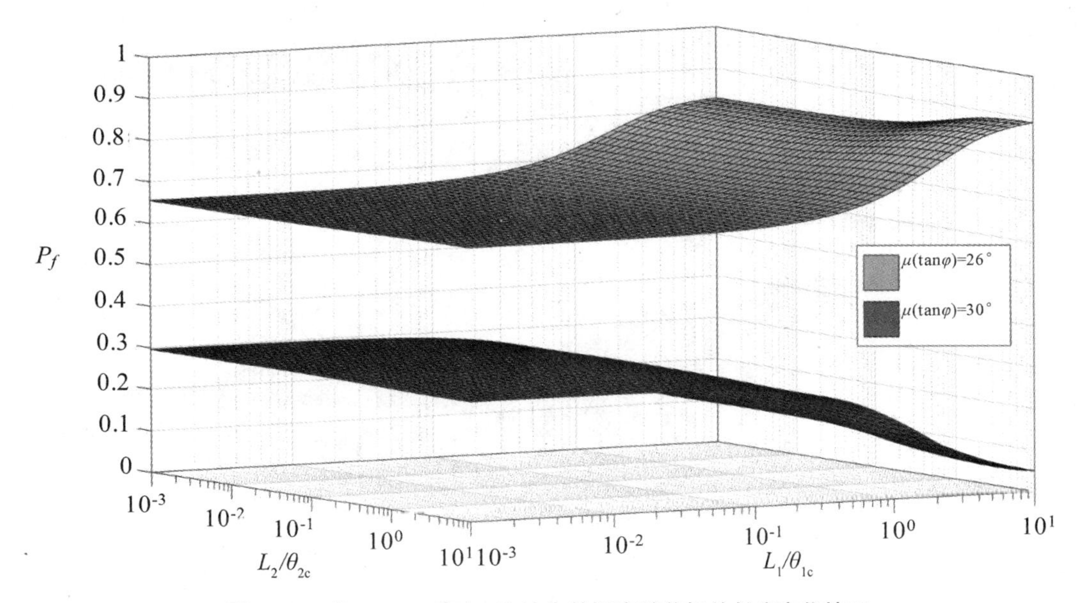


**图 5.10　当 $\sigma=\tan 5°$时，边坡失效概率随着相关长度变化情况**

**Fig. 5.10　The $P_f$ of slopes changed with the fixed $\sigma_{\tan\varphi}=\tan 5°$ and various $\mu$ values**

同样可以发现，当边坡的确定性安全系数小于 1 时，随着摩擦系数的相关长度变小，边坡失效概率逐渐趋于 100%；而当边坡的确定性安全系数大于 1 时，随着摩擦系数的相关长度变小，边坡失效概率逐渐趋于 0。

当相关长度大于滑裂面的长度时，边坡失效概率值取决于方差 $\sigma_{\tan\varphi}^2$，$\sigma_c^2$ 和相关系数 $\rho_{c-\tan\varphi}$。事实上，当相关长度足够大时，安全系数的方差 $s_F^2$ 也趋于一个固定值，即

$$s_F^2=\frac{L_1^2L_1^2}{W^2\sin^2\beta}\sigma_c^2+\frac{1}{\tan^2\beta}\sigma_{\tan\varphi}^2+\frac{2L_1L_2}{W\tan\beta\sin\beta}\rho_{c-\tan\varphi}\sigma_c\sigma_{\tan\varphi} \tag{5.70}$$

## 5.5.3　算例 3：黏聚力的不确定性显著性判断

黏聚力不确定性显著性可以通过式(5.67)中的 $\Lambda_{c\varphi}$来确定，或者通过 $COV_{\tan\varphi}$和$\frac{COV_c}{\Lambda_{c\varphi}}$的大小来判别。黏聚力的显著性远小于 $\Lambda_{c\varphi}$。为验证，在图 5.11 中，绘制了两种情况下的边坡失效概率情况。例子 1：$\mu_{\tan\varphi}=\tan(26.65°)$且 $\mu_c=24\text{kPa}$；例子 2：$\mu_{\tan\varphi}=\tan(30.65°)$且 $\mu_c=24\text{kPa}$。例子 1 和 2 对应的 $\Lambda_{c\varphi}$分别为 0.75 和 0.99，两个例子 $\rho_{c-\tan\varphi}$都为−0.3。例子 1 采用摩擦系数为 0.5 和黏聚力变异系数为 0 绘制，例子 2 采用摩擦系数和黏聚力变异系数都为 0.5 绘制。显然，当黏聚力变异系数为 0，即方差为 0，黏聚力为固定值。根据图 5.11，可发现，当黏聚力不确定性不考虑时，边坡失效概率均大于 0.5；而当黏聚力不确定性考虑后，边坡失效概率均小于 0.5。结果表明，黏聚力的不确定性考虑进来与否，直接影响边坡失效概率输出结果。如表 5.4 所示。可以发现，两者计算结果基本一致。

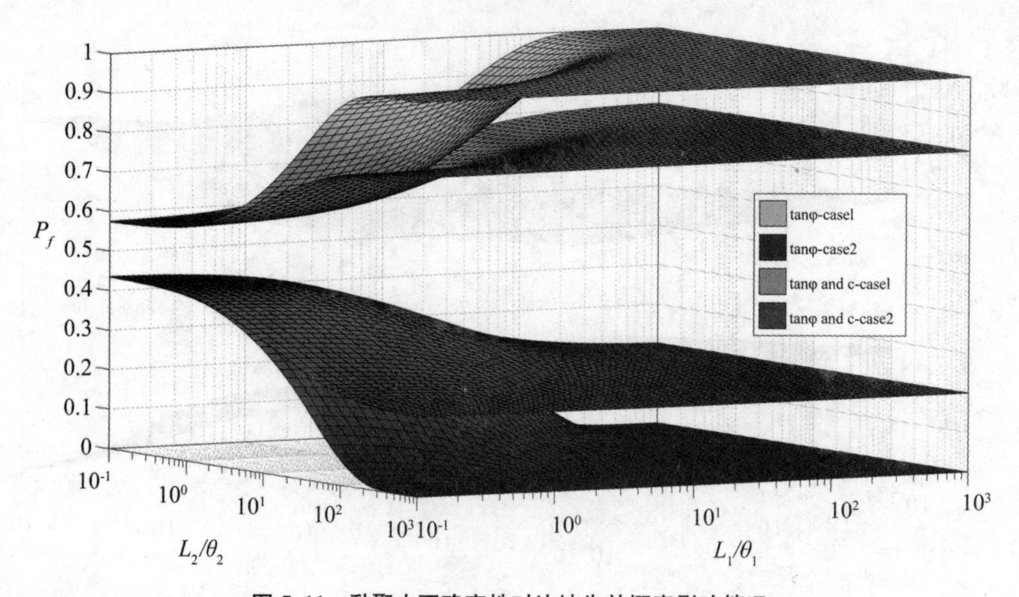


图 5.11　黏聚力不确定性对边坡失效概率影响情况

Fig. 5.11　Example: The effect of cohesion uncertainties on the probability of failure

表 5.4　黏聚力不确定性对边坡失效概率影响

Table 5.4　The probability of failure influenced by the cohesion uncertainties

| arctan($\mu$)的平均值 | $COV_{\tan\varphi}$的方差变异系数 | $COV_c$ 的方差变异系数 | 随机场理论计算所得失效概率/% | 蒙特卡罗法结果/% |
|---|---|---|---|---|
| 26.65° | 0.5 | 0 | 57.42 | 53.77 |
| 30.65° | 0.5 | 0 | 44.23 | 40.96 |
| 26.65° | 0.5 | 0.5 | 57.42 | 54.62 |
| 30.65° | 0.5 | 0.5 | 44.23 | 41.73 |

### 5.5.4　算例 4：给定失效概率情况下边坡最小安全系数的确定

根据式(5.66)，当失效概率给出后，可以反推计算出最小安全系数。如图 5.12 所示，绘制了 5.3.1 节中当 $\sigma_{\tan\varphi}=\tan5°$且失效概率 $P_{f\max}=10\%$，1%，0.1%时，边坡的最小安全系数情况。可以发现，最小安全系数随着相关长度$\left(\frac{L_1}{\theta_1}, \frac{L_2}{\theta_2}\right)$的增大而逐渐变小。当然，最小安全系数也受到随机变量的均值和标准差影响。

## 5.6　本章小结

①基于一维和二维随机场理论推导了平面剪切滑坡安全系数和失效概率关系在单个或多个随机变量情况下的解析解，采用平均值、方差、马尔科夫相关函数对边坡的随机变量进行

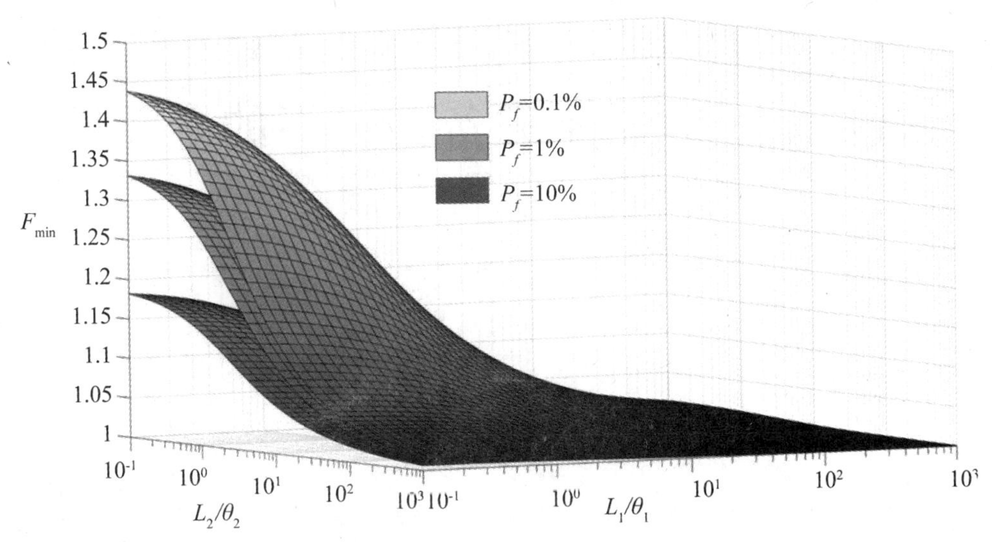


**图 5.12　给定失效概率情况下最小安全系数与相关长度的关系**

**Fig. 5.12　Minimum necessary the factor of safety $F_{min}$ vs$\left(\frac{L_1}{\theta_1}, \frac{L_2}{\theta_2}\right)$ for maximum desired probability of failure $\rho_{f\max}$=10%，1%，0.1%**

了表征，并研究了参数的自相关性和互相关性(共线性)对边坡失效概率的影响；

②通过多个算例发现：当边坡的安全系数情况下小于 1 时，随着摩擦系数或黏聚力的相关长度变小，边坡失效概率逐渐趋于 100%；而当边坡的安全系数大于 1 时，随着摩擦系数或黏聚力的相关长度变小，边坡失效概率逐渐趋于 0；当边坡的安全系数等于 1 时，随着摩擦系数或黏聚力的相关长度变化，边坡失效概率基本不变化，一直等于 0.5。

③平面剪切滑坡可靠度分析时，如果不考虑参数的空间变异性，将获取不保守估算结果。

# 第六章　数据不完备情况下的多滑面边坡系统可靠度分析

## 6.1　引言

岩质边坡破坏模式可能存在多个滑裂面，这在上述第三—第六章是没有研究过的。本章重点研究含两个滑面的岩质边坡可靠度。一般多滑面的主要受软弱结果面引起，导致下滑动力分解，即内部应力场变化导致双滑面甚至多滑面失稳。很显然，只要任何一个滑面发生滑移，边坡即发生失稳，这就需要考虑使用系统可靠度来分析边坡稳定性。

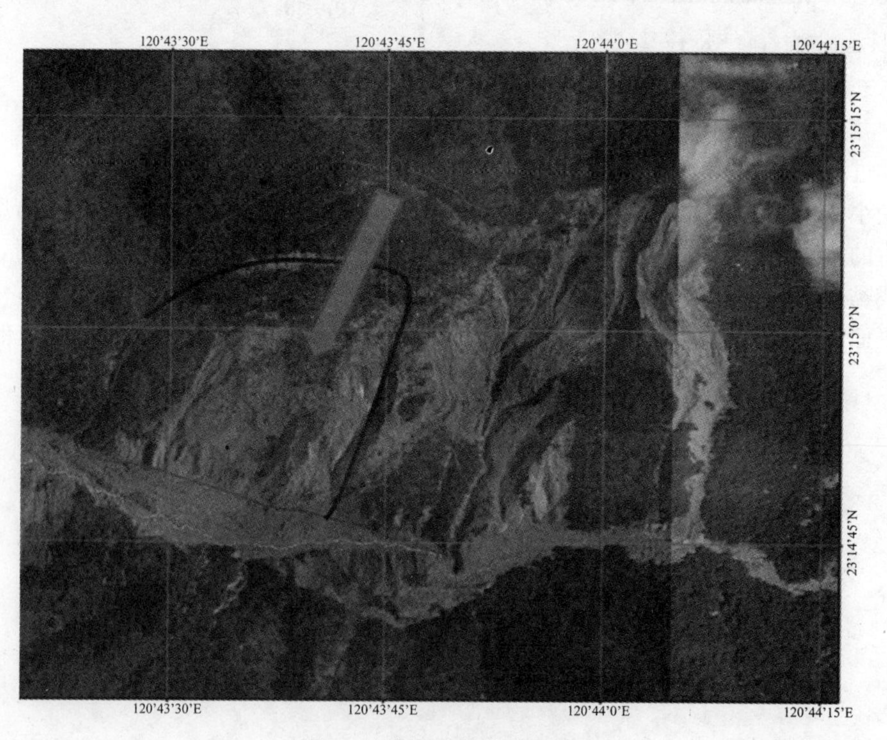


图 6.1　多滑面的失稳滑坡

Fig. 6.1　A failure slopes with multiple sliding surfaces

再者，由于数据不足，我们往往很难获取力学参数的分布类型、概率密度函数或者分布函数，对于多个变量，变量与变量之间的边缘分布也很难知道。在这种数据不完备情况下，如何估算出一个多滑面岩质边坡可靠度是一个难点。契比雪夫不等式可以在事先不知道变量的分布类型时，对失效概率进行估算。虽然其精度不高，但也不失为一种失效概率估算高效方法。根据边坡的功能函数类型，基于契比雪夫不等式推导了失效概率的上限，并基于赤池信息量(Akaike information criterion，AIC)准则获取潜在变量分布类型来进行对比验证。

## 6.2　契比雪夫不等式应用

### 6.2.1　契比雪夫不等式

设随机变量 $Z$ 具有数学期望 $E(Z)=\mu$，方差 $D(Z)=\sigma^2$，则对于任意正数 $\varepsilon$，不等式

$$P\{|Z-\mu|\geqslant\varepsilon\}\leqslant\frac{\sigma^2}{\varepsilon^2}\tag{6.1}$$

成立。这一不等式称为契比雪夫(Chebyshev)不等式[173-175]。可以发现，契比雪夫不等式可用于任意分布类型，也就是说，即便我们不知道某参数或随机变量为何种分布类型，均可以采用契比雪夫不等式来估算其概率。这可通过以下式子证明：

$$P\{|Z-\mu|\geqslant\varepsilon\}=\int_{|Z-\mu|\geqslant\varepsilon}f(x)\mathrm{d}x\leqslant\int_{|Z-\mu|\geqslant\varepsilon}\frac{|Z-\mu|^2}{\varepsilon^2}f(x)\mathrm{d}x\leqslant\frac{1}{\varepsilon^2}\int_{-\infty}^{+\infty}(Z-\mu)^2f(x)\mathrm{d}x=\frac{\sigma^2}{\varepsilon^2}\tag{6.2}$$

契比雪夫不等式的另外一种表达形式为

$$P\{|Z-\mu|<\varepsilon\}\geqslant1-\frac{\sigma^2}{\varepsilon^2}\tag{6.3}$$

如图 6.2 所示，为任一分布的变量概率密度函数，虽然我们无法知道其概率密度函数表达式，但可以通过式(6.1)和(6.2)估算失效概率。

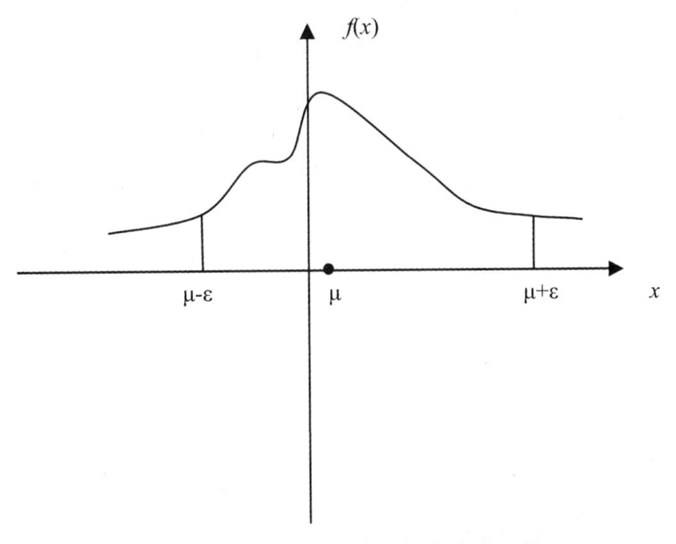


图 6.2　任意变量的未知概率密度函数

Fig. 6.2　Probability density function of an unknown random variable

## 6.2.2 契比雪夫不等式的上限推导

建立功能函数

$$Z=\frac{R}{S} \tag{6.4}$$

不妨假设

$$P_0=P\{Z\geqslant 1\}=P\left\{\frac{R}{S}\geqslant 1\right\}=P\{R\geqslant S\} \tag{6.5}$$

根据契比雪夫不等式，对任意给定的常数 $\mu$ 及 $\varepsilon>0$，存在

$$P\{|Z-\mu|>\varepsilon\}\leqslant\frac{E[Z-\mu]^2}{\varepsilon^2} \tag{6.6}$$

令 $\mu=\kappa E[Z]=\kappa\mu_z$，其中 $\kappa$ 为变量。则

$$\begin{aligned}E[Z-\mu]^2&=E[Z-\kappa\mu_z]^2\\&=E[Z]^2-2\kappa\mu_z^2+\kappa^2\mu_z^2\\&=D[Z]+(1-2\kappa+\kappa^2)\mu_z^2\\&=\frac{\sigma_z^2}{\mu_z^2}+(1-2\kappa+\kappa^2)\mu_z^2\\&=[\delta_z^2+(1-\kappa)^2]\mu_z^2\end{aligned} \tag{6.7}$$

又令 $\mu-\varepsilon=1$，即 $\varepsilon=\mu-1$。得

$$\begin{aligned}P\{|Z-\mu|>\varepsilon\}&=1-P\{|Z-\mu|\leqslant\varepsilon\}\\&=1-P\{\mu-\varepsilon\leqslant Z\leqslant\mu+\varepsilon\}\\&=1-P\{1\leqslant Z\leqslant\mu+\varepsilon\}\end{aligned} \tag{6.8}$$

而 $1-P\{1\leqslant Z\leqslant\mu+\varepsilon\}\geqslant 1-P\{1\leqslant Z\}=1-P_0=P_f$。

即 $P_f\leqslant P\{|Z-\mu|>\varepsilon\}\leqslant\frac{1}{\varepsilon^2}E[Z-\mu]^2=\frac{[\delta_z^2+(1-\kappa)^2]\mu_z^2}{(\kappa\mu_z-1)^2}$。

我们令 $g(\kappa)=\frac{[\delta_z^2+(1-\kappa)^2]\mu_z^2}{(\kappa\mu_z-1)^2}$。那么 $g(\kappa)$ 就是 $P_f$ 的上界。因 $\kappa$ 为变量，可以选择适当的 $\kappa$ 使得 $g(\kappa)$ 达到最大值或最小值。

令 $g'(\kappa)=0$，得到驻点 $\kappa_0=\frac{\delta_z^2\mu_z+\mu_z-1}{\mu_z-1}$。

$g''(\kappa)=\frac{1}{2}(3\delta_z^2+3-2\kappa)$。因而在 $\kappa_0$ 处 $g''(\kappa)>0$。

所以可以断定 $\kappa_0$ 是 $g(\kappa)$ 的最小值点，即

$$g(\kappa_0)=\frac{\mu_z^2\delta_z^2}{(\mu_z-1)^2+\mu_z^2\delta_z^2} \tag{6.9}$$

观察式(6.9)，因为 $Z$ 可能涉及多个变量，直接计算出 $Z$ 的平均值和变异系数比较麻烦，为此，采用泰勒公式

$$\begin{aligned}Z=\frac{R}{S}=&\frac{\mu_R}{\mu_s}+\frac{R-\mu_R}{\mu_s}-\frac{\mu_R}{\mu_s^2}+(S-\mu_s)+\\&\frac{1}{2}\left[0+2\left(-\frac{1}{\mu_s^2}\right)(R-\mu_R)(S-\mu_s)+\mu_R\frac{2}{\mu_s^3}(S-\mu_s)^2\right]+r_2\end{aligned} \tag{6.10}$$

$r_2$ 为泰勒余项。

略去泰勒余项 $r_2$ 并对展开式求数学期望，可得

$$\mu_z = E[Z] \approx \frac{\mu_R}{\mu_s} + \frac{\mu_R}{\mu_s^3} D(S) = \frac{\mu_R}{\mu_s}\left(1 + \frac{D(S)}{\mu_s^2}\right) = \frac{\mu_R}{\mu_s}(1 + \delta_s^2) \tag{6.11}$$

$$Z^2 = \frac{R^2}{S^2} = \frac{\mu_R^2}{\mu_s^2} + \frac{2\mu_R(R-\mu_R)}{\mu_s^2} - \frac{2\mu_R^2(S-\mu_s)}{\mu_s^3} + \frac{1}{2}\left[2\frac{(R-\mu_R)^2}{\mu_s^2} - \frac{4\mu_R}{\mu_s^3}(R-\mu_R)(S-\mu_s) + \frac{6\mu_R^2}{\mu_s^4}(S-\mu_s)^2\right] + r_2 \tag{6.12}$$

略去余项 $r_2$ 并对展开式两边求数学期望得

$$E[Z^2] = \frac{\mu_R^2}{\mu_s^2} + \frac{1}{2}\left[\frac{2\mu_R^2}{\mu_s^2} + \frac{6\mu_R^2}{\mu_s^4}(\sigma_s)^2\right] \tag{6.13}$$

$$D[Z] = E[Z^2] - (E[Z])^2 = \frac{\mu_R^2}{\mu_s^2} + \frac{1}{2}\left[\frac{2\mu_R^3}{\mu_s^2} + \frac{6\mu_R^2}{\mu_s^4}(\sigma_S)^2\right] - \frac{\mu_R}{\mu_s}(1 + \delta_s^2) = \frac{\mu_R^2\sigma_s^2}{\mu_s^4} + \frac{\mu_R^2}{\mu_s^2} - \frac{\mu_R\sigma_s^4}{\mu_s^6} \tag{6.14}$$

# 6.3　随机变量分布类型判断方法

随机变量分布类型主要包括均匀分布、指数分布和正态分布等，而正态分布又分为标准正态分布和对数正态分布。简要介绍如下：

若连续型随机变量具有概率密度

$$f(X) = \frac{1}{q-r},\ r < X < q \tag{6.15}$$

则称 $X$ 在区间$[r,q]$上服从均匀分布。记为 $X \sim U(r,q)$。

若连续型随机变量具有概率密度

$$f(X) = \begin{cases} \frac{1}{\theta} e^{-\frac{X}{\theta}}, & X > 0 \\ 0, & 其他 \end{cases} \tag{6.16}$$

其中 $\theta > 0$，则称 $X$ 服从参数为 $\theta$ 的指数分布。

若连续型随机变量具有概率密度

$$f(x) = \frac{1}{\sqrt{2\pi}} e^{-\frac{(x-\mu)^2}{2\sigma^2}} \tag{6.17}$$

其中 $\mu$，$\sigma(\sigma > 0)$ 为常数，则称 $X$ 服从参数为 $\mu$，$\sigma$ 的正态分布或高斯分布。

要判断变量服从何种分布，我们可以假设变量服从某种分布类型，然后根据 Akaike 信息标准或贝叶斯信息度量来判断其最佳分布类型。

### 6.3.1 赤池信息量

Akaike 信息标准(akaike information criterion，AIC)是一种估计标准，可判断在给定数据集的统计模型拟合优良性。换言之，AIC 提供了一种模型选择方法。比如，当很多数据集在一起，我们无法判断其分布类型时，AIC 就可以应用过来。Akaike 信息标准由统计学家 Hirotugu Akaike 制定，它最初被命名为"信息标准"[176]。它是由 Akaike 在 1971 年的一次研讨会上首次宣布的，其研讨会于 1973 年出版[177]。Akaike 将他的方法称为"熵最大化原则"，因为该方法建立在信息理论中的熵概念之上。实际上，在统计模型中最小化 AIC 等同于在热力学系统中最大化熵；换句话说，统计学中的信息理论方法基本上应用了热力学第二定律。

假设存在一组数据。设 $k$ 是模型中估计参数的个数。L 为模型的似然函数的最大值。则模型的 AIC 值可表示为

$$\mathrm{AIC}=2k-2\ln(\hat{L}) \tag{6.18a}$$

在给定一组数据的候选模型中，具有最小 AIC 值的模型为首选模型。AIC 理论最初来源于信息理论[193]。在岩土工程中，我们多用来判断数据的分布类型。

AIC 的另一种表达方式为

$$\mathrm{AIC}=-2\sum_{i=1}^{N}\ln f(x_i;\ p,\ q)+2k \tag{6.18b}$$

### 6.3.2 贝叶斯信息量

BIC：Bayesian information criterion，贝叶斯信息度量，也叫 SIC，SBC，SC，SBIC。

在统计学中，贝叶斯信息准则(BIC)或 Schwarz 准则(也称为 SBC，SBIC)是有限模型集中模型选择的标准；BIC 值越小，模型拟合越优。该准则也是部分基于似然函数，与 Akaike 信息准则(AIC)密切相关。BIC 由 Gideon E. Schwarz 开发并发表在 1978 年的论文中[178]，他在其中提出了贝叶斯论证。

$$\mathrm{BIC}=\ln(n)k-2\ln(\hat{L}) \tag{6.19}$$

其中，$\hat{L}$为极大似然函数估计最大值，即：$\hat{L}=p(x\mid\hat{\theta},\ M)$，其中$\hat{\theta}$为极大似然函数的参数值；$x$=观察到的数据；$n$ 为 $x$ 中的数据点数，观察数或等效的样本数；$k$ 为模型估计的参数数量。

对比两个判断准则，可以发现：在选择模型来预测推理时默认了一个假设，即给定数据下存在一个最佳的模型，且该模型可以通过已有数据估计出来，根据某个选择标准选择出来的模型，用它所做的推理应该是最合理的。这个选择标准就可以是 AIC 和 BIC。没有模型的选择的绝对标准，好的选择标准应该根据数据分布不同而不同，并且要能融入统计推理的框架中去。

AIC 准则是基于 Kullback－Leibler (K－L)信息损失的，提供了生成模型和拟合近似模型之间预期 Kullback 差异的渐近无偏估计。BIC 准则则是基于贝叶斯因子。

### 6.3.3　非参数 Bootstrap 方法

如前面所述，要判断变量服从何种分布，我们可以假设变量服从某种分布类型，然后根据 AIC 值或 BIC 值来判断其最佳分布类型。然而，实际工程中我们样本点本来就很少，那么如何将小样本空间扩大到大样本空间，这就需要借助非参数 Bootstrap 方法。

设总体分布 F 未知，但已经有一个容量为 $n$ 的来着分布 F 的数据样本，自这一样本按放回抽样的方法抽取一个容量为 $n$ 的样本，这种样本称为 Bootstrap 样本或者称为自助样本。相继地、独立地自原始样本中取多个样本，并利用这些样本对总体 F 进行统计判断，这种方法叫作非参数 Bootstrap 方法，也称为自助法。这一方法可以用于当人们对总体知之甚少的情况，为近代统计中的一种用于数据处理的重要实用方法[179−183]。

在估计总体未知参数 $u$ 时，不但要给出 $u$ 的估计，还需要指出这一估计 $\hat{u}$ 的精度。通常采用估计量 $\hat{u}$ 的标准差 $\sqrt{D(\hat{u})}$ 来度量估计的精度。估计量 $\hat{u}$ 的标准差也称为估计量的标准误差。

设 $X_1$，$X_2 \cdots X_n$ 是来自以 F(X)为分布函数的总体的样本，$u$ 为需要估计的未知参数，用 $\hat{u}=\hat{u}(X_1, X_2, \ldots, X_n)$ 作为 $u$ 的估计量，在应用中，$\hat{u}$ 的抽样分布很难处理，这样，$\sqrt{D(\hat{u})}$ 没有一个简单的表达式，因而我们需要用计算机模拟的方法求得 $\sqrt{D(\hat{u})}$ 的估计。假设我们模拟样本为 m 个，对于每一个样本计算 $\hat{u}$ 的值，得 $\hat{u}_1$，$\hat{u}_2, \ldots, \hat{u}_m$，则 $\sqrt{D(\hat{u})}$ 可以用

$$\hat{\sigma}_{\hat{u}}=\sqrt{\frac{1}{m-1}\sum_{i=1}^{m}(\hat{u}_i-\bar{u})^2} \tag{6.20}$$

来估计，其中

$$\bar{u}=\frac{1}{m-1}\sum_{i=1}^{m}\hat{u} \tag{6.21}$$

然而，我们很多时候数据信息不完备，无法获取准确参数分布。为此，我们需要放回抽样，相继地、独立地抽取 m 个 Bootstrap 样本，估计如下：

Bootstrap 样本 1　$x_1{}^1$，$x_2{}^1$，…，$x_n{}^1$，Bootstrap 估计 $\hat{u}_1$

Bootstrap 样本 2　$x_1{}^2$，$x_2{}^2$，…，$x_n{}^2$，Bootstrap 估计 $\hat{u}_2$

…

Bootstrap 样本 m　$x_1{}^m$，$x_2{}^m$，…，$x_n{}^m$，Bootstrap 估计 $\hat{u}_m$

则 $\hat{u}$ 的标准误差为式(6.20)所示。

## 6.4 系统可靠度

当工程结构涉及多种失效模式时，其可靠度计算需考虑系统可靠度。比如，挡土墙失效模式，需考虑倾倒，承载力及滑裂三种情况，这时，挡土墙的可靠度为系统可靠度问题，每一种失效模式都会引起挡土墙的失效[184−186]。岩质边坡也可能涉及多个滑面，因而需要考虑系统可靠度。

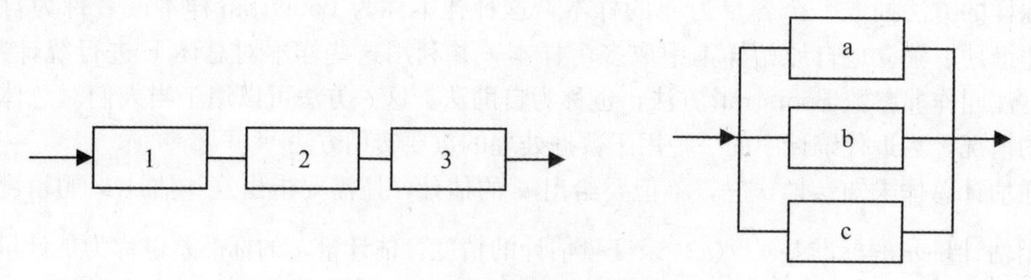


**图 6.3 系统可靠度的串并联**

**Fig. 6.3 System reliability of with series or parallel mode**

系统可靠度可以分为串联和并联模式，如图所示，一般有并联和串联两种失效模式。在串联系统中每个单元或部件彼此相连，任一个单元失效都可引起系统失效。而并联模式中是必须所有的单元都失效才会引起系统的失效。

串联模式下，其系统可靠度计算公式可表示为

$$P_{f,\ sys}=1-\prod_{i=1}^{n}(1-P_{f,\ i})\approx\sum_{i=1}^{n}P_{f,\ i} \tag{6.22}$$

很显然，系统可靠度随着单元的增加而逐渐增加，系统可靠度的最小值为具有失效概率最大值的单元所决定，即

$$P_{f,\ sys}=\max[P_{f,\ i}] \tag{6.23}$$

因而，串联模式下系统可靠度失效区间为

$$\max[P_{f,\ i}]\leqslant P_{f,\ sys}\leqslant 1-\prod_{i=1}^{n}(1-P_{f,\ i}) \tag{6.24}$$

并联系统中，系统可靠度为

$$P_{f,\ sys}=\prod_{i=1}^{n}P_{f,\ i} \tag{6.25}$$

如果并联系统中所有的单元都未失效，则系统可靠度大小依赖于单元最不可能失效的单位

$$P_{f,\ sys}=\min[P_{f,\ i}] \tag{6.26}$$

因而，系统可靠度区间为

$$\prod_{i=1}^{n}P_{f,\ i}\leqslant P_{f,\ sys}\leqslant\min[P_{f,\ i}] \tag{6.27}$$

## 6.5　基于契比雪夫不等式的边坡可靠度估算研究框架

综合 6.2 和 6.3 节，基于契比雪夫不等式的边坡可靠度估算流程图为

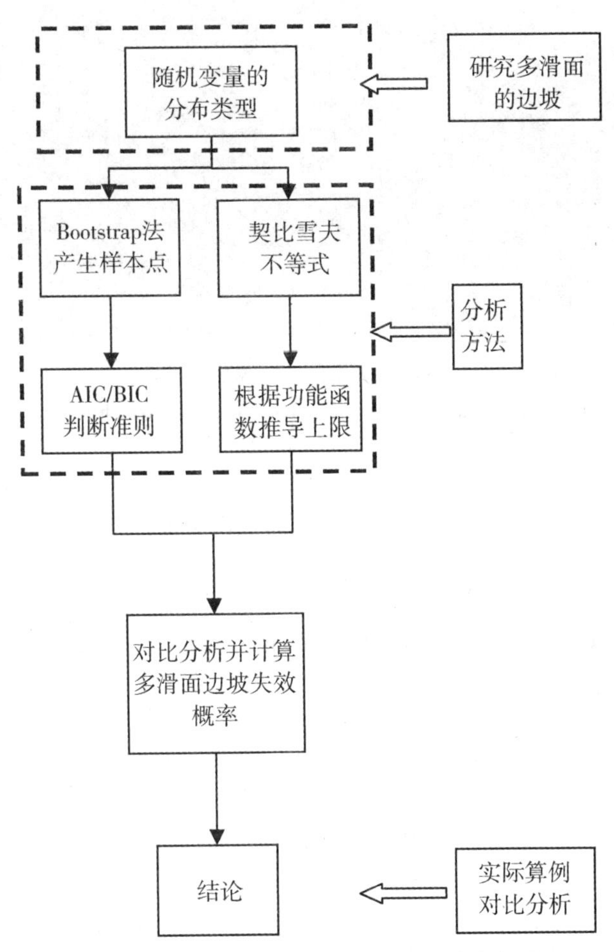


图 6.4　基于契比雪夫不等式的边坡流程图

Fig. 6.4 The researching flow chart

## 6.6　实际案例分析

向家山滑坡坐落于重庆南岸区重庆—贵州高速旁，该边坡为路堑边坡。滑坡区地层的表层主要为坡积物，泥岩和砂岩混部分粉质黏土，中层为薄厚层状风化砂岩和泥岩，下层为弱风化砂岩和泥岩。滑坡体主要发生在地层的表层和中层。事实上，向家山段坡体曾经在 1998 年进行了加固，但由于受降雨及周边人为施工破坏，加固后边坡局部仍然不理想，2004 年 6 月 1 日出现不同程度的拉裂缝和破坏变形。如图 6.5 所示，为加固后的向家山边坡。但还是出现了不同程度的变形。向家山滑坡为短折线构成的旋转剪切，且含有上部滑坡体和下部滑坡体双滑面滑坡，被本章选取为研究对象。通过图 6.6 可以发现，该边坡沿着南

北走向，俯瞰图为一不规则马蹄形。滑坡体宽度约为 200～360m，长度约为 230m[187-189]。

图 6.5 加固后的向家山滑坡

Fig. 6.5 The photograph of Xiangjiashan landslides which was reinforced

向家山滑坡倾角约为 70°～80°，滑动区域面积约为 70000$m^2$，滑动体积约为 1.4×$10^6$ $m^3$。根据向家山边坡勘察资料，该滑坡存在两个滑裂面，即上部滑体和下部滑体，如图 6.6 和 6.7 所示。

其中，上部滑体滑裂面主要为中等强风化砂岩和中等强风化泥岩；下部滑体滑裂面主要为弱～中等风化砂岩和弱～中等风化泥岩。此外，根据图 6.7，上部滑体滑裂面深度为 22.8m，而下部滑体滑裂面为 32.8m。

根据滑坡规模判断表，如表 6.1 所列，我们可判断，该滑坡为中层＋深层的大型滑坡。

表 6.1 滑坡规模区分

Table 6.1 Classification of landslides

| 划分依据 | 巨型滑坡 | 大型滑坡 | 中型滑坡 | 小型滑坡 |
|---|---|---|---|---|
| 体积划分 | $>10^7 m^3$ | $10^6 \sim 10^7 m^3$ | $10^5 \sim 10^6 m^3$ | $<10^5 m^3$ |
| | 超深层 | 深层滑坡 | 中层滑坡 | 浅层滑坡 |
| 深度划分 | >50m | 25m～50m | 10m～25m | <10m |

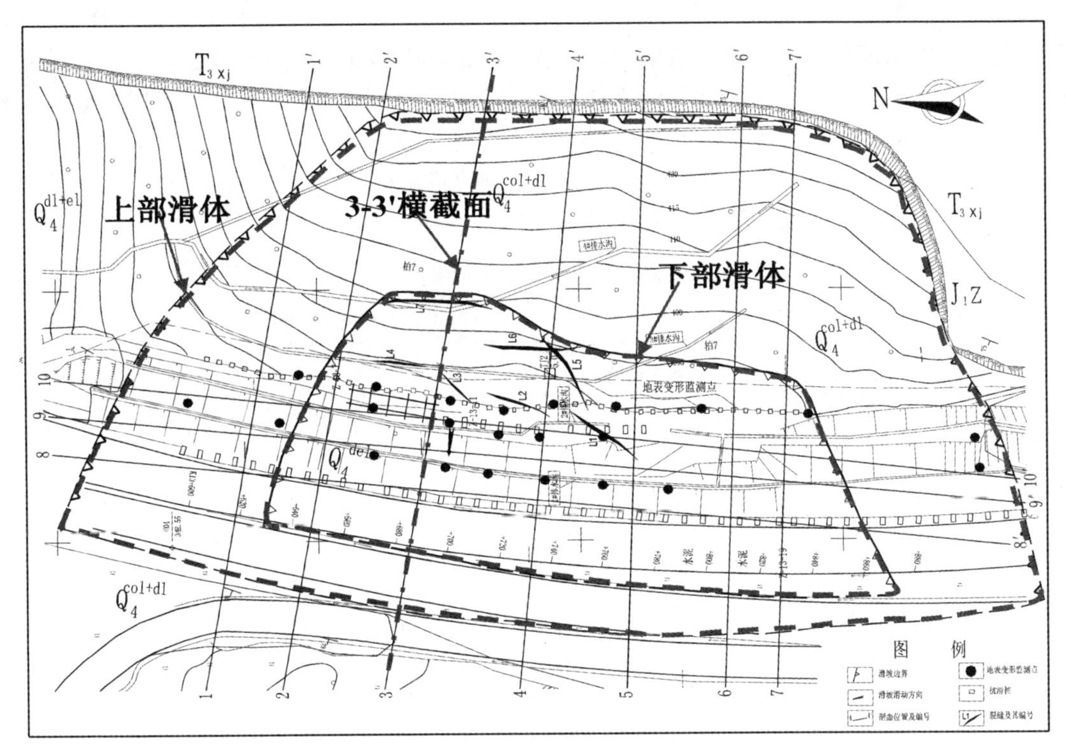


图 6.6　向家山滑坡平面图

Fig. 6.6　Plan view of Xiangjiashan landslides

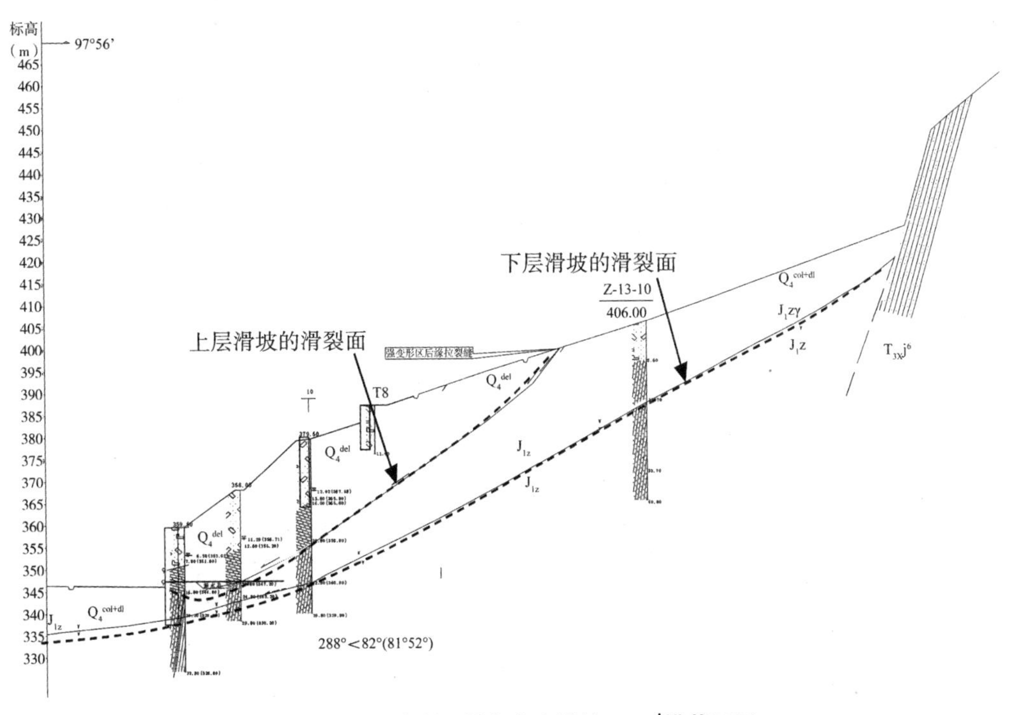


图 6.7 图 6.6 中所示的向家山滑坡 3—3′横截面图

Fig. 6.7 3—3′ geological cross—section of Xiangjiashan landslides

计算力学参数列在表 6.2 中，需要指出的是，上部滑体和下部滑体容重是一样的数据，而黏聚力和内摩擦角则不一样。根据 6.3.3 节所述的非参数 Bootstrap 方法，生产大量样本点后再根据 AIC 判断准则拟合得到最佳分布类型，对于非正态分布类型采用 Nataf 或者 Rosenblatt 变换方法进行转换。然后根据第四章所述，采用基于均匀设计的响应面法来计算上下两个滑体的可靠度指标。其中安全系数作为响应输出值，由于两个滑面基本上为平面剪切，安全系数计算方法采用第五章公式(5.2)。

**表 6.2　向家山滑坡计算力学参数**

**Table 6.2　Mechanical parameters of the Xiangjiashan landslide**

| 组数 | 上部滑体滑裂面 | | | 下部滑体滑裂面 | | |
|---|---|---|---|---|---|---|
| | 容重 $x_1$ ($\gamma$/kN·m$^{-3}$) | 黏聚力 $x_2$ $c$/kPa | 内摩擦角 $x_3$ $\varphi$/° | 容重 $x_1$ ($\gamma$/kN·m$^{-3}$) | 黏聚力 $x_2$ $c$/kPa | 内摩擦角 $x_3$ $\varphi$/° |
| 1 | 26.58 | 58.05 | 25.30 | 26.58 | 57.60 | 24.27 |
| 2 | 23.53 | 51.76 | 25.65 | 23.53 | 55.97 | 23.30 |
| 3 | 23.99 | 68.09 | 25.04 | 23.99 | 63.45 | 23.47 |
| 4 | 26.68 | 57.75 | 27.67 | 26.68 | 55.33 | 22.74 |
| 5 | 25.79 | 56.47 | 31.08 | 25.79 | 53.62 | 25.16 |
| 6 | 26.71 | 51.11 | 23.35 | 26.71 | 63.32 | 29.21 |
| 7 | 25.93 | 49.68 | 26.26 | 25.93 | 57.46 | 23.57 |
| 8 | 24.11 | 46.16 | 23.12 | 24.11 | 62.17 | 24.44 |
| 9 | 23.89 | 52.89 | 28.61 | 23.89 | 57.89 | 27.33 |
| 10 | 26.51 | 49.73 | 28.82 | 26.51 | 61.62 | 27.43 |
| 11 | 23.57 | 58.24 | 22.67 | 23.57 | 44.61 | 25.97 |
| 12 | 27.29 | 53.41 | 29.89 | 27.29 | 62.80 | 27.05 |
| 13 | 26.50 | 63.85 | 23.83 | 26.50 | 71.12 | 26.74 |
| 14 | 25.49 | 62.55 | 26.45 | 25.49 | 66.24 | 24.24 |
| 15 | 24.92 | 55.82 | 28.20 | 24.92 | 65.47 | 25.86 |
| 16 | 25.65 | 53.59 | 26.29 | 25.65 | 58.56 | 24.40 |
| 17 | 31.97 | 60.76 | 30.59 | 31.97 | 61.09 | 23.20 |
| 18 | 24.69 | 49.27 | 31.51 | 24.69 | 61.47 | 26.27 |
| 19 | 21.81 | 58.37 | 26.28 | 21.81 | 60.58 | 25.13 |
| 20 | 28.75 | 51.65 | 22.19 | 28.75 | 55.02 | 24.63 |
| 均值 | 25.72 | 55.46 | 26.64 | 25.72 | 59.77 | 25.22 |
| 标准差 | 2.18 | 5.57 | 2.85 | 2.18 | 5.58 | 1.72 |

根据第四章所述，均匀设计实际为一种伪蒙特卡罗法，因而我们可以根据均匀设计获取一个覆盖全空间样本点的均匀设计表，然后采用严格三维极限平衡法获取响应值，即安全系数。然后根据获取的一系列安全系数得到其均值和标准差，再依据基于契比雪夫不等式推导的式(6.9)，得到边坡失效概率上限。

根据第四章 4.1 节所述的均匀设计表中心偏差获取 3 因素的最优均匀设计矩阵，选取 $U_{29}(29^3)$均匀设计表；上、下部滑体的随机变量取值大小分别列在表 6.3 和表 6.4 中，而响应值计算采用的是严格三维极限平衡法。很显然，由于下部滑体的黏聚力大，表 6.4 中所列的安全系数普遍大些。

**表 6.3　上部滑体 $U_{29}(29^3)$均匀设计矩阵及响应值**

**Table 6.3　The design matrix for $U_{29}(29^3)$ UD table and its corresponding $F$ of upper sliding**

| 1 | 2 | 3 | $x_3(\gamma/\text{kN}\cdot\text{m}^{-3})$ | $x_1(c/\text{kPa})$ | $x_2(\varphi/^\circ)$ | $F$ |
|---|---|---|---|---|---|---|
| 1 | 13 | 17 | 19.00 | 52.64 | 26.86 | 1.26 |
| 2 | 26 | 4 | 19.43 | 67.96 | 21.29 | 1.41 |
| 3 | 9 | 21 | 19.86 | 47.93 | 28.57 | 1.36 |
| 4 | 22 | 8 | 20.29 | 63.25 | 23 | 1.21 |
| 5 | 5 | 25 | 20.71 | 43.21 | 30.29 | 0.65 |
| 6 | 18 | 12 | 21.14 | 58.54 | 24.71 | 0.58 |
| 7 | 1 | 29 | 21.57 | 38.5 | 32 | 0.54 |
| 8 | 14 | 16 | 22.00 | 53.82 | 26.43 | 0.60 |
| 9 | 27 | 3 | 22.43 | 69.14 | 20.86 | 1.49 |
| 10 | 10 | 20 | 22.86 | 49.11 | 28.14 | 0.49 |
| 11 | 23 | 7 | 23.29 | 64.43 | 22.57 | 0.93 |
| 12 | 6 | 24 | 23.71 | 44.39 | 29.86 | 0.87 |
| 13 | 19 | 11 | 24.14 | 59.71 | 24.29 | 1.69 |
| 14 | 2 | 28 | 24.57 | 39.68 | 31.57 | 1.84 |
| 15 | 15 | 15 | 25.00 | 55 | 26 | 1.79 |
| 16 | 28 | 2 | 25.43 | 70.32 | 20.43 | 1.64 |
| 17 | 11 | 19 | 25.86 | 50.29 | 27.71 | 1.08 |
| 18 | 24 | 6 | 26.29 | 65.61 | 22.14 | 1.01 |
| 19 | 7 | 23 | 26.71 | 45.57 | 29.43 | 0.97 |

**续表**

| 1 | 2 | 3 | $x_3(\gamma/kN\cdot m^{-3})$ | $x_1(c/kPa)$ | $x_2(\varphi/°)$ | $F$ |
|---|---|---|---|---|---|---|
| 20 | 20 | 10 | 27.14 | 60.89 | 23.86 | 1.03 |
| 21 | 3 | 27 | 27.57 | 40.86 | 31.14 | 1.92 |
| 22 | 16 | 14 | 28.00 | 56.18 | 25.57 | 0.92 |
| 23 | 29 | 1 | 28.43 | 71.5 | 20.00 | 1.36 |
| 24 | 12 | 18 | 28.86 | 51.46 | 27.29 | 1.30 |
| 25 | 25 | 5 | 29.29 | 66.79 | 21.71 | 2.12 |
| 26 | 8 | 22 | 29.71 | 46.75 | 29 | 2.27 |
| 27 | 21 | 9 | 30.14 | 62.07 | 23.43 | 2.22 |
| 28 | 4 | 26 | 30.57 | 42.04 | 30.71 | 2.07 |
| 29 | 17 | 13 | 31.00 | 57.36 | 25.14 | 1.51 |
| | | | $F$ 均值 | | | 1.315 |
| | | | $F$ 标准差 | | | 0.527 |

**表 6.4　　下部滑体 $U_{29}(29^3)$ 均匀设计矩阵及响应值**

**Table 6.4 The design matrix for $U^{29}(29^3)$ UD table and its corresponding F of lower sliding**

| 1 | 2 | 3 | $x_3(\gamma/kN\cdot m^{-3})$ | $x_1(c/kPa)$ | $x_2(\varphi/°)$ | $F$ |
|---|---|---|---|---|---|---|
| 1 | 13 | 17 | 19.00 | 57.43 | 26.86 | 1.31 |
| 2 | 26 | 4 | 19.43 | 74.14 | 21.29 | 1.42 |
| 3 | 9 | 21 | 19.86 | 52.29 | 28.57 | 1.38 |
| 4 | 22 | 8 | 20.29 | 69.00 | 23 | 1.25 |
| 5 | 5 | 25 | 20.71 | 47.14 | 30.29 | 0.67 |
| 6 | 18 | 12 | 21.14 | 63.86 | 24.71 | 0.60 |
| 7 | 1 | 29 | 21.57 | 42.00 | 32 | 0.56 |
| 8 | 14 | 16 | 22.00 | 58.71 | 26.43 | 0.61 |
| 9 | 27 | 3 | 22.43 | 75.43 | 20.86 | 1.54 |
| 10 | 10 | 20 | 22.86 | 53.57 | 28.14 | 0.49 |

**续表**

| 1 | 2 | 3 | $x_3$(γ/kN·m$^{-3}$) | $x_1$($c$/kPa) | $x_2$(φ/°) | $F$ |
|---|---|---|---|---|---|---|
| 11 | 23 | 7 | 23.29 | 70.29 | 22.57 | 0.96 |
| 12 | 6 | 24 | 23.71 | 48.43 | 29.86 | 0.89 |
| 13 | 19 | 11 | 24.14 | 65.14 | 24.29 | 1.70 |
| 14 | 2 | 28 | 24.57 | 43.29 | 31.57 | 1.85 |
| 15 | 15 | 15 | 25.00 | 60.00 | 26 | 1.83 |
| 16 | 28 | 2 | 25.43 | 76.71 | 20.43 | 1.66 |
| 17 | 11 | 19 | 25.86 | 54.86 | 27.71 | 1.11 |
| 18 | 24 | 6 | 26.29 | 71.57 | 22.14 | 1.03 |
| 19 | 7 | 23 | 26.71 | 49.71 | 29.43 | 0.98 |
| 20 | 20 | 10 | 27.14 | 66.43 | 23.86 | 1.06 |
| 21 | 3 | 27 | 27.57 | 44.57 | 31.14 | 1.93 |
| 22 | 16 | 14 | 28.00 | 61.29 | 25.57 | 0.92 |
| 23 | 29 | 1 | 28.43 | 78.00 | 20 | 1.40 |
| 24 | 12 | 18 | 28.86 | 56.14 | 27.29 | 1.34 |
| 25 | 25 | 5 | 29.29 | 72.86 | 21.71 | 2.16 |
| 26 | 8 | 22 | 29.71 | 51.00 | 29 | 2.31 |
| 27 | 21 | 9 | 30.14 | 67.71 | 23.43 | 2.23 |
| 28 | 4 | 26 | 30.57 | 45.86 | 30.71 | 2.11 |
| 29 | 17 | 13 | 31.00 | 62.57 | 25.14 | 1.51 |
|  |  |  | $F$ 均值 |  |  | 1.338 |
|  |  |  | $F$ 标准差 |  |  | 0.531 |

根据式(6.9)，要求出失效概率上限，需要求得岩质边坡的安全系数均值和标准差。此时有两条思路：一、根据表6.3和6.4所列的输出响应值，即安全系数，求得其方差和均值代入式(6.9)计算所需结果；二、根据回归方程计算回归后的安全系数，再求得其方差和均值代入式(6.9)，计算所需结果。很显然，第一条思路算出来的结果肯定会与实际相距甚远，因为安全系数的标准差比较大(由于样本点较少)。因而很有必要采用第二条思路，一个可较少数据离散，另外可采用LASSO来获取回归方程，处理随机变量的共线性问题。

采用第四章的LASSO回归方法来获取的上部和下部滑体回归方程如下：

$$g(x)_{上}=1.12-0.054(x_1-24.92)+0.0104(x_2-55)+0.2028(x_1x_2-1370.6)+0.0130(x_1x_3-647.92)-0.0203(x_2x_3-1430)+0.0696(x_1^2-621)+0.1602(x_2^2-3025) \tag{6.28}$$

$$g(x)_{下}=1.523-0.0621(x_1-24.92)+0.0022(x_3-25)+0.2241(x_1x_2-1496.1)+0.007(x_1x_3-622.68)-0.0238(x_2x_3-1461.4)+0.0724(x_1^2-633.86)+0.1447(x_2^2-3515.7) \tag{6.29}$$

根据式(6.28)和式(6.29)，求得上部滑体的安全系数均值和标准差分别为1.315和0.141；下部滑体的安全系数均值和标准差分别为1.338和0.082。将上述结果分布代入式(6.9)，可求得上部滑体的失效概率上限16.57%；下部滑体的失效概率上限6.56%。

为验证计算结果，采用了Bootstrap方法对上部滑体和下部滑体的容重$\gamma$，黏聚力$c$和内摩擦角$\varphi$生成了新的样本，每个样本数量为2000个。需要指出的是，由于上下部滑体发生在同一个边坡，变量的样本点全部集中在一起，然后研究其分布类型。首先假设三个变量服从标准正态分布、对数正态分布、指数分布和瑞利分布，然后根据其对应的AIC值判断其变量的最佳分布类型。三个变量在不同分布情况下的AIC值如表6.5罗列。

根据表6.5可知，整个边坡的三个变量：容重，黏聚力和内摩擦角在假设的四种分布中，标准正态分布的AIC值最小，因而可判断，容重，黏聚力和内摩擦角在本岩质边坡中服从标准正态分布。明确了变量分布类型后，我们在采用响应面法或者其他可靠度分析方法时，就不需要再进行假设了。

**表6.5 变量在不同分布类型下的AIC值**

**Table 6.5 AIC values associated with various distributions**

| 变量 | 标准正态分布 | 对数正态分布 | 指数分布 | 瑞利分布 |
|---|---|---|---|---|
| $\gamma$ | 32.17 | 172.68 | 41.38 | 334.84 |
| $c$ | 32.47 | 141.88 | 41.21 | 274.89 |
| $\varphi$ | 26.40 | 90.98 | 41.34 | $\infty$ |

同时，为进一步验证计算方法的可靠性，采用了第四章提出的基于均匀设计和LASSO回归的新方法计算了该边坡的失效概率及系统可靠度。滑坡的功能函数与对应的极限状态函数建立（$F_{\min}=1$），可靠度指标$\beta_{RI}$和对应的失效概率$P_f$可通过式(4.10)获取，所计算结果见表6.6。

**表6.6 采用不同计算方法获取的可靠度指标及失效概率**

**Table 6.6 Comparison of $\beta_{RI}$ and $P_f$ values using the different calculation methods**

| 方法 | 滑体 | 可靠度指标$\beta_{RI}$ | $P_f$ | 系统可靠度 |
|---|---|---|---|---|
| 不考虑共线性的蒙特卡罗法（$10^9$样本点） | 上部滑体 | 1.18 | 12.01% | 1.16 |
| | 下部滑体 | 1.70 | 4.40% | |

续表

| 方法 | 滑体 | 可靠度指标 $\beta_{RI}$ | $P_f$ | 系统可靠度 |
|---|---|---|---|---|
| 契比雪夫不等式估算法 | 上部滑体 | 0.97 | 16.57% | 0.83 |
| | 下部滑体 | 1.59 | 5.56% | |
| 考虑共线性的蒙特卡罗法（$10^9$样本点） | 上部滑体 | 1.08 | 14.05% | 0.92 |
| | 下部滑体 | 1.68 | 4.65% | |
| 基于均匀设计和LASSO的响应面法 | 上部滑体 | 1.08 | 14.16% | 0.91 |
| | 下部滑体 | 1.67 | 4.68% | |

通过表6.5可以发现，向家山边坡上部滑体的期望功能水平接近"灾难性的"；而下部滑体的期望功能水平在"不满足"和"低劣"，整体而言，边坡系统可靠度为"灾难性的"，随时可能出现失稳。另外，契比雪夫不等式估算结果比基于均匀设计与LASSO回归的响应面法要低一些，但契比雪夫不等式具有快捷性，实际工程中仍然可以作为边坡失效概率估计的方法之一。

对比单个滑体的可靠度指标和系统可靠度指标，我们可发现：系统可靠度指标均小于单个滑体的可靠度指标，因而在实际工程中需明确边坡具有单个还是多个潜在滑裂面。

## 6.7　本章小结

①根据边坡的功能函数，采用契比雪夫不等式对其失效概率上限进行了推导。

②对含有两个滑面的岩质边坡系统可靠度进行了计算。结果表明：如果边坡为多滑面边坡，不考虑系统可靠度所获取的计算结果不合理。

③采用契比雪夫不等式估算的双滑面边坡失效概率与通过赤池信息量判据的最佳分布类型来计算边坡失效概率基本一致，因而，契比雪夫不等式可以作为边坡失效概率的一种估算方法。

# 第七章 实际工程边坡可靠度设计及工程应用

## 7.1 马武停车区边坡工程概况

马武停车区边坡位于重庆市石柱县马武镇王家坪，如图 7.1a 所示。线路自北向南以走向 6°～10°穿越一个斜坡中部缓坡平台地段。设计路基宽度 36.0m，路面高程 677.15～690.25m，设计路面纵坡为 1.70%，道路左侧以填方边坡为主，设计填方边坡分阶放坡，坡率为 1∶0.75～1∶2，局部进行支挡。如图 7.1b 所示。按设计填方，里程中线最大填方高度为 6.72m，左侧最大填方高度约 25.5m。右侧以挖方边坡为主，设计挖方边坡分阶放坡，坡率为 1∶0.75～1∶1.75，放坡高度为 10m，平台宽度为 2m。按设计开挖，里程中线最大开挖高度约 36.13m，右侧最大开挖高度约 36.32m。

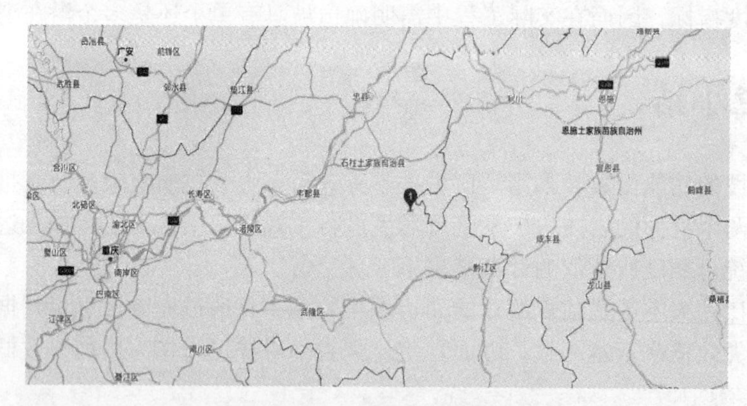


图 7.1a 石黔高速马武停车区边坡位置

Fig. 7.1a Location of Mawu Parking Slope in Shizhu—Qianjiang Expressway

图 7.1b 边坡全貌图

Fig. 7.1b Mawu Parking Slope in Shizhu—Qianjiang Expressway

工程于2016年底进行边坡开挖，开挖后边坡后缘出现拉裂变形破坏迹象，前缘多处发生垮塌，危及后缘张家院子、谭家院子居民、现场施工人员的生命财产安全，如图7.2所示。为了避免造成人员伤亡和财产损失，查明边坡变形破坏原因并采取可靠度方法来分析和设计该边坡很有必要。

**图7.2　居民附近院子发生拉裂纹**

**Fig. 7.2　Tensile crack located near residents' house**

## 7.1.1　地形地貌

边坡区域属构造剥蚀侵蚀中低山地貌。停车区位于马武河右岸斜坡中部缓坡平台地段，线路走向近南北向，地形坡角0°～30°，以走向7°～10°穿越一个斜坡地段。斜坡中部较平缓，地形坡角约0°～10°，斜坡地段坡度较大，地形坡角20°～30°。区内最高点在张家院子后侧，高程约832.21m，最低点在省道G211上方斜坡中部，高程约660m，场地相对高差约172.21m，植被覆盖良好，缓坡地带种植玉米、黄豆等农作物，后缘陡坡地带为灌木林。

## 7.1.2　地层岩性

据地质调绘及钻孔揭露，停车区分布地层主要为第四系残坡积层、崩坡积层及人工填土层、志留系下新统小河坝组、奥陶系大湾组、红花园组、分乡组，寒武系中统石冷水组，现将各层岩性由新至老分述如下：

1. 第四系全新统崩坡积层($Q_4^{cl+dl}$)

块石土：主要分布于冲沟两侧斜坡，黄褐色，稍湿，稍密状。主要由粉质黏土和灰岩、页岩碎块石组成，碎石粒径1～8cm，呈棱角状、次棱角状，土石比5∶5～7∶3。该层主要分布于斜坡地带，厚度一般2.8～4.2m。

2. 第四系全新统残坡积层($Q_4^{el+dl}$)

粉质黏土：该层主要分布于停车区乡村公路附近及缓坡地段，黄褐色，软塑-可塑，粘手，沙感强，干强度中等，韧性中等，刀切面光泽，夹少量灰岩和页岩小碎石，植被发育，厚度一般2～25m，粉质黏土厚度分布不均，从北至南厚度增加。

3. 志留系下新统小河坝组($S_{1xh}$)

页岩：黄灰色、深灰色，泥质结构，页理构造，主要由黏土矿物组成，含砂质较重，强风化带岩石破碎，多呈碎块状，中风化岩石岩芯断面新鲜，呈饼状、碎块状为主，少许短柱状，节长2～8cm，岩质软，节理发育，本次钻探未揭穿，分布于场地东侧斜坡中下部。

4. 奥陶系大湾组($O_1d$)

页岩：深灰色，黑色，泥质结构、页理构造，含砂质较重，岩芯极破碎，呈粉末状、颗粒状、碎块状，部分岩芯黏土化呈可塑状，碎块状岩芯断面颜色新鲜，粒径3～9cm，未见完整岩芯，本次钻探未揭穿。

灰岩：该层分布于场地北侧，灰紫色，微晶结构，薄－中厚层构造，局部段泥质含量高，岩体受周边断层破碎带影响，岩芯较破碎，呈碎块状、短柱状，碎块粒径2～10cm，短柱状节长5～10cm，本次钻探未击穿，分布于边坡区中部。

场地大湾组地层为页岩灰岩互层，以页岩为主，受断层破碎带影响，该地层岩芯极其破碎，呈碎裂状。

5. 奥陶系下新统红花园组($O_1h$)：

页岩：深灰色，黑色，泥质结构、页理构造，含砂质较重，局部可见石英颗粒，强风化岩芯较破碎，呈粉末状、颗粒状、碎块状；中风化岩芯断面颜色较新鲜，呈碎块状为主，少许短柱状，径3～9cm，节长5～14cm，节理发育，岩质软本次钻探未击穿，分布于边坡中部。

灰岩：黄褐色、灰色、灰白色，微晶结构，薄层状构造，质硬，主要矿物成分为方解石及白云石。强风化层岩芯破碎，裂隙发育，溶孔、溶隙较发育，呈碎裂块状；中风化岩石岩芯断面新鲜，岩体受周边断层破碎带影响，岩芯较破碎，呈碎块状、粉末状，碎块粒径2～5cm，本次钻探未击穿，分布于边坡中部。

6. 寒武系中统石冷水组($\in_{2s}$)

灰岩：上部灰色、灰白色，下部灰色、灰黑色灰紫色，微晶结构，薄－中厚层构造，岩体受周边断层破碎带影响，强风化岩芯较破碎，岩溶较发育，可见溶孔溶隙，下部中风化岩体较完整，呈碎块状、短柱状，碎块粒径2～10cm，短柱状节长5～20cm，本次钻探未击穿，分布于边坡西侧靠山脊处。泥灰岩：灰黑色，泥质结构，薄－中厚层构造，含泥质较重，岩芯极破碎，呈粉末状、颗粒状、碎块状，碎块状岩芯断面颜色新鲜，粒径2～10cm，未见完整岩芯，本次钻探揭露本层厚度22.8～27.8m，分布于边坡西侧靠山脊处。

表7.1列出了具有代表性的钻孔柱状图，为马武停车区XLBK1钻孔柱状图。

表 7.1　石柱至黔江高速公路马武停车区 XLBK1 钻孔柱状图

Table 7.1　Bore histogram of XLBK1 of Mawu Slope located in Shiqian Expressway

| 地层代号 | 层底厚度/m | 地层厚度/m | 层底标高/m | 柱状图 | 地层描述 |
|---|---|---|---|---|---|
| $Q_4^{ml}$ | 1.5 | 1.5 | 723.08 | | 素填土：黄褐色，主要由粉质黏土、页岩、灰岩碎块石组成，块石粒径一般 2～15cm，土石比约 8：2，松散，稍湿装，为周边居民建筑修建期间随机抛填，时间大于 3 年。 |
| $Q_4^{el+dl}$ | 6.5 | 5.00 | 718.08 | | 粉质黏土：黄褐色，主要由粉粒和黏粒组成，呈可塑状，刀切面光滑，稍有光泽，无摇振反应。 |
| $O_1d$ | 11.20 | 4.70 | 713.38 | | 灰岩：灰色、灰白色，主要由碳酸盐矿物组成，隐晶质结构，薄－中厚层状构造，岩芯破碎，多呈碎块状，块状灰岩岩质较软，呈全强风化状 |
| O1h | 27.40 | 16.20 | 697.18 | | 页岩：灰黑色、黑色，主要由黏土矿物组成，泥质结构，薄层－中厚层状构造，含碳质较重，岩芯破碎呈碎块状、块状，呈全强风化状。其中 18.36～20.0m、27～27.4m、32～35.6m 页岩软化呈黏土状。 |
| $O_1d$ | 31.10 | 3.70 | 693.48 | | 灰岩：灰色、灰白色，主要由碳酸盐矿物组成，隐晶质结构，薄－中厚层状构造，白云石含量较重，岩芯破碎，多呈碎块状，块状灰岩岩质较硬。 |
| O1h | 38.60 | 7.50 | 685.98 | | 页岩：灰黑色、黑色，主要由黏土矿物组成，泥质结构，薄层－中厚层状构造，含碳质较重，岩芯破碎呈碎块状、块状，岩质软，呈全强风化状。 |
| $O_1d$ | 45.50 | 6.90 | 679.08 | | 灰岩：灰色、灰黑色，主要由碳酸盐矿物注册，隐晶质结构，中厚层状构造，岩芯较完整，多呈短柱状，节长 2～13cm，局部呈碎块状，为中风化层。 |

### 7.1.3　地震影响及不良地质现象

对于该区域的地震荷载，根据《中国地震动参数区划图》(GB18306－2015)[190]，路线区地震动峰值加速度为 0.05g，地震动反应谱特征周期为 0.35s，对应的地震基本烈度Ⅵ度。其抗震设计建议按《公路工程抗震规范》(JTGB02－2013)[191]及《公路桥梁抗震设计细则》(JTC/TB02－01－2008)[192]的有关规定执行。

斜坡地段仅局部基岩裸露，土层厚度 0～25m，斜坡地段坡度较大，地形坡角 0°～29°，最大开挖高度约为 36.32m。边坡岩性主要为页岩、灰岩，斜坡地段覆盖第四系土层，右侧挖方边坡为切向坡，可按一般抗震地段考虑。

区内不良地质现象主要表现为拟建停车区右侧边坡大范围变形，边坡为岩土质混合边坡，但开挖后的阶梯边坡多为岩体，因而设计边坡开挖时需强变形区已向临空方向发生滑塌，地表可见平行于边坡走向裂缝，裂缝长达 25m，该边坡处于欠稳定～基本稳定状态。在连续降雨和暴雨的条件下，失稳的可能性极大。除此外无泥石流、地面塌陷、断层破碎带等不良地质现象。

## 7.2　力学参数统计分析

勘查数据的充足可助于获取准确的平均值和标准差，并对其分布类型进行有效判断，从而有效地降低不确定性，提高边坡稳定性分析计算精度。对全线样品按地层岩性分别进行统计，确定各项指标的平均值、变异系数等参数。本次取灰岩样品 3 组，粉质黏土 1 组，利用前期取样成果页岩样 1 组、灰岩 3 组、粉质黏土 1 组；统计结果详见表 7.2～表 7.4。

**表 7.2　　奥陶系大湾组灰岩物理力学性质统计表**

**Table 7.2　　Mechanical parameters of limestone in the Dawan Formation of Ordovician**

| 岩石类型 | 编号 | 密度 | 单轴抗压强度/Mpa | | 抗拉强度/Mpa | 抗剪强度 | | 天然弹性模量 $E/\times10^4$ MPa | 弹性泊松比 $\mu$ | 天然变形模量 $E_{50}/\times10^4$ MPa | 岩石泊松比 $\mu_{50}$ |
|---|---|---|---|---|---|---|---|---|---|---|---|
| | | 天然 | 天然 | 饱和 | | 凝聚力 $c$/Mpa | 内摩擦角/° | | | | |
| 灰岩 | | 2.66 | 111.6 | 80.9 | 5.63 | | | 5.34 | 0.24 | 5.51 | 0.17 |
| | QCK97 | 2.67 | 97.8 | 74.6 | 5.05 | 16.9 | 43 | 4.36 | 0.24 | 4.75 | 0.17 |
| | | 2.65 | 102.4 | 83.2 | 4.85 | | | 4.43 | 0.27 | 4.98 | 0.18 |
| | | 2.71 | 54.1 | 40.6 | 3.48 | | | 5.12 | 0.21 | 5.41 | 0.13 |
| | QBK20 | 2.7 | 50.8 | 41.8 | 3.63 | 11.3 | 43.6 | 4.52 | 0.23 | 4.96 | 0.14 |
| | | 2.72 | 54.2 | 37.6 | 2.8 | | | 4.6 | 0.25 | 5.17 | 0.15 |

**续表**

| 岩石类型 | 编号 | 密度 | 单轴抗压强度/Mpa | | 抗拉强度/Mpa | 抗剪强度 | | 天然弹性模量 E/×10⁴MPa | 弹性泊松比 $\mu$ | 天然变形模量 $E_{50}$/×10⁴MPa | 岩石泊松比 $\mu_{50}$ |
|---|---|---|---|---|---|---|---|---|---|---|---|
| | | 天然 | 天然 | 饱和 | | 凝聚力 $c$/Mpa | 内摩擦角 /° | | | | |
| 统计数 n | | 6 | 6 | 6 | 6 | 2 | 2 | 6 | 6 | 6 | 6 |
| 平均值 | | 2.69 | 78.48 | 59.78 | 4.24 | 14.10 | 43.30 | 4.73 | 0.24 | 5.13 | 0.16 |
| 标准差 | | 0.03 | 25.80 | 19.99 | 1.00 | | | 0.37 | 0.02 | 0.26 | 0.02 |
| 变异系数 δ | | 0.01 | 0.33 | 0.33 | 0.24 | | | 0.08 | 0.08 | 0.05 | 0.11 |

**表 7.3　奥陶系红花园组页岩物理力学性质统计表**

**Table 7.3　Mechanical parameters of shale in the Honghuayuan Formation of Ordovician**

| 岩性 | 取样编号 | 力学性质 | | | | | | | |
|---|---|---|---|---|---|---|---|---|---|
| | | 密度 | 单轴抗压强度/Mpa | | 抗拉强度/Mpa | 抗剪断强度 | | 天然变形模量 $E_{50}$/×10⁴MPa) | 岩石泊松比 $\mu_{50}$ |
| | | 天然 | 天然 | 饱和 | | 凝聚力 $c$/Mpa | 内摩擦角 /° | | |
| 页岩 | LBK4 | 2.61 | 20.1 | 12.8 | 1.09 | 4.9 | 36 | 0.408 | 0.3 |
| | | 2.61 | 18.5 | 13.7 | 1.07 | | | 0.4 | 0.33 |
| | | 2.6 | 17.4 | 10.6 | 0.913 | | | 0.441 | 0.32 |
| 统计数 n | | 3 | 3 | 3 | 3 | 1 | 1 | 3 | 3 |
| 平均值 | | 2.61 | 18.67 | 12.37 | 1.02 | 4.90 | 36.00 | 0.42 | 0.32 |
| 标准差 | | 0.01 | 1.36 | 1.59 | 0.10 | / | / | 0.02 | 0.02 |
| 变异系数 δ | | 0.00 | 0.07 | 0.13 | 0.09 | / | / | 0.05 | 0.05 |

表 7.4 奥陶系红花园组灰岩物理力学性质统计表

**Table 7.4 Mechanical parameters of limestone in the Honghuayuan Formation of Ordovician**

| 岩性 | 取样编号 | 力学性质 | | | | | | | |
|---|---|---|---|---|---|---|---|---|---|
| | | 密度 | 单轴抗压强度/Mpa | | 抗拉强度/Mpa | 抗剪断强度 | | 天然变形模量 | 岩石泊松比 |
| | | 天然 | 天然 | 饱和 | | 凝聚力 $c$/Mpa | 内摩擦角/° | $E_{50}/\times 10^4$ MPa | $\mu_{50}$ |
| | | 2.69 | 40.7 | 31.7 | 1.98 | | | 2.9 | 0.15 |
| 灰岩 | XLBK1 | 2.69 | 39.4 | 32.8 | 1.84 | 8.7 | 42.2 | 2.69 | 0.14 |
| | | 2.68 | 42.8 | 32.7 | 2.31 | | | 3.15 | 0.16 |
| | | 2.69 | 43.7 | 34.1 | 2.49 | | | 2.49 | 0.14 |
| 灰岩 | XLBK3 | 2.69 | 40.9 | 35.8 | 2.21 | 8.8 | 43.9 | 3.1 | 0.15 |
| | | 2.68 | 44.5 | 33.5 | 2.57 | | | 3.05 | 0.13 |
| | | 2.45 | 41.6 | 32.5 | 2.64 | | | 3.38 | 0.13 |
| 灰岩 | XLBK7 | 2.46 | 45.5 | 31.1 | 1.88 | 8.4 | 42.6 | 3.56 | 0.15 |
| | | 2.46 | 39.1 | 34.3 | 1.9 | | | 3.07 | 0.17 |
| | | 2.7 | 33.3 | 26.3 | 1.97 | | | 6.74 | 0.18 |
| 灰岩 | LBK1 | 2.71 | 34.6 | 26 | 2.15 | 8.3 | 41.4 | 6.59 | 0.19 |
| | | 2.71 | 37.7 | 30.9 | 1.9 | | | 5.97 | 0.22 |
| 统计数 n | | 12 | 12 | 12 | 12 | 4 | 4 | 12 | 12 |
| 平均值 | | 2.63 | 40.32 | 31.81 | 2.15 | 8.55 | 42.53 | 3.89 | 0.16 |
| 标准差 | | 0.11 | 3.76 | 2.98 | 0.29 | 0.24 | 1.04 | 1.57 | 0.03 |
| 变异系数 δ | | 0.04 | 0.09 | 0.09 | 0.13 | 0.03 | 0.02 | 0.40 | 0.17 |

# 7.3　边坡变形基本特征及潜在危害性

拟建停车区右侧挖方边坡长约 650m，前缘已大部分开挖，边坡前缘为高速公路料场和施工便道，如图 7.3 所示。呈带状分布，边坡坡度 10°～40°，边坡高度 10～25m，纵向呈阶梯形，边坡垂直高度总体呈上缓下陡趋势。

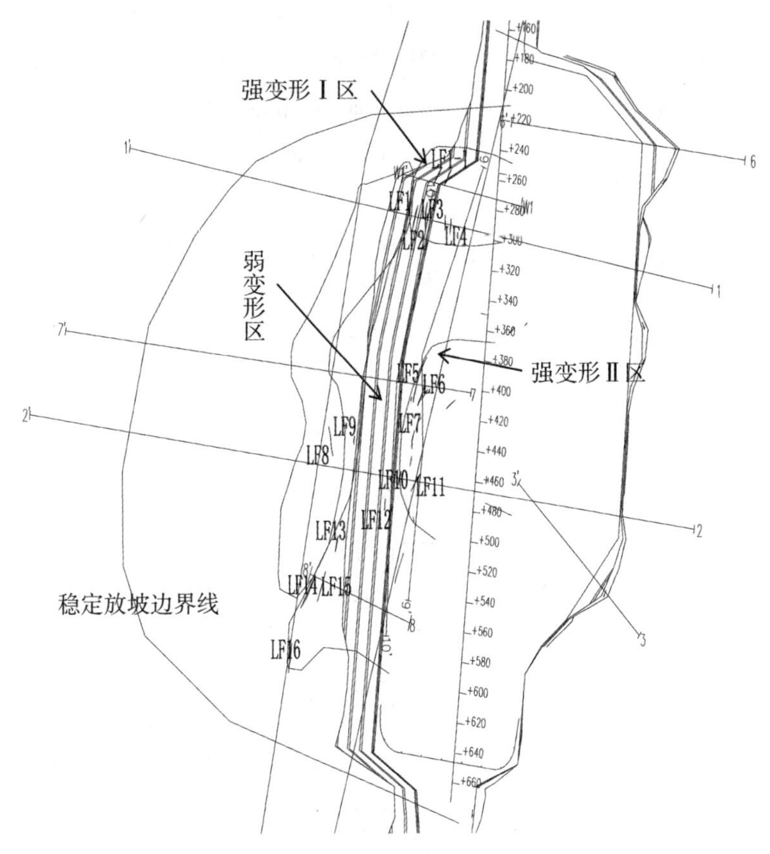


**图 7.3　边坡总体形态示意图**

**Fig. 7.3　Plan view of the whole Mawu Slope**

自 2016 年底出现变形破坏以来，边坡后缘斜坡区先后出现两级平行边坡走向裂缝，其中第一级后缘高程约 710m 左右，第二级高程大致在 720m 左右，裂缝发育范围与边坡开挖范围基本一致，总体形态呈圈椅状，边坡变形破坏范围前缘以路基平台为边界，左右两侧以目前开挖范围为边界，后缘以张家院子、谭家院子地坝陡坎下侧农田为边界，呈长条状，总面积约 $63000m^2$。

受边坡所处地质环境和人类工程活动影响，边坡开挖后出现了很多裂缝，如图 7.3 和表 7.5 所示，根据其裂缝密集程度及变形破坏特征，将边坡分为两个强变形区，K32＋240～K32＋300 段为强变形Ⅰ区和 K32＋360～K32＋500 为强变形Ⅱ区。

表 7.5　　边坡区裂缝发育分布特征

Table 7.5　　Cracks distribution

| 裂缝编号 | 所处位置 | 变形破坏特征 |
|---|---|---|
| LF1 | K32+260 开挖边坡后缘 | 裂缝延伸长度 10m，张开 1～10cm，下错 1～2cm |
| LF1－1 | K32+240 开挖边坡二级平台 | 多条平行裂缝，延伸长度 2～10m，张开 1～5cm，下错 2～5cm |
| LF2 | K32+260 开挖边坡二级平台 | 裂缝延伸长度 12m，张开 1～5cm，下错 1～3cm |
| LF3 | K32+260 开挖边坡一级平台 | 裂缝延伸长度 5m，张开 1～5cm，下错 1～2cm |
| LF4 | K32+260 开挖边坡后缘 | 多条平行裂缝，延伸长度 1～5m，张开 1～5cm，下错 1～2cm |
| LF5 | K32+400 滑塌部位后缘 | 多条平行裂缝，延伸长度约 2～35m，张开 20～50cm，下错 20～200cm |
| LF6 | K32+400 滑塌部位后缘 | 多条平行裂缝，裂缝延伸长度约 2～17m，张开 10～30cm，下错 20～100cm |
| LF7 | K32+460 开挖部位中后部 | 多条平行裂缝，裂缝延伸长度约 2～10m，张开 10～20cm，下错 5～30cm |
| LF8 | K32+440 张家院子民房地坝 | 裂缝延伸长度约 6m，裂缝弯曲，闭合－微张 |
| LF9 | K32+460 开挖边界后缘 | 裂缝延伸长度约 6m，裂缝较平直，张开 2～8cm，未下错 |
| LF10 | K32+460 开挖平台中部 | 多条平行裂缝，裂缝延伸长度约 3～10m，裂缝较平直，张开 2～8cm，下错 5～10cm |
| LF11 | K32+460 开挖平台前缘 | 多条平行裂缝，裂缝延伸长度约 3～15m，裂缝较平直，张开 5～15cm，下错 5～20cm |
| LF12 | K32+520 现状开平台中部 | 多条平行密集裂缝，张开 2～5cm，下错 1～5cm |
| LF13 | K32+520 现状开挖线后侧 | 裂缝延伸长度约 5m，裂缝较平直，张开 5～10cm，未下错 |
| LF14 | K32+560 现状开挖线后缘 | 裂缝延伸长度约 22m，裂缝较平直，张开 10～20cm，下错 10～50cm |
| LF15 | K32+560 开挖平台中部 | 裂缝延伸长度约 7m，裂缝较平直，张开 5～10cm，未下错 |
| LF16 | K32+600 右侧碎石公路 | 裂缝延伸长度约 20m，裂缝较平直，张开 10～30cm，下错 10～30cm |

下面重点介绍这两个区域的特征。

强变形Ⅰ区：本段边坡纵向长约 120m，横向长约 170m，开挖区域呈圈椅状，前缘为停车区路基。目前已基本开挖至设计路基标高，中部有两级开挖平台，平台宽度 5～7m，坡度角 10°～40°，边坡高度约 25m，未进行任何支挡；前缘黏土化遇水页岩滑塌呈“舌”状；垮塌区后缘多处发育裂缝，裂缝延伸长度 3～10m，裂缝下错 1～20cm，张开 3～10cm，裂缝延伸方向与边坡走向基本一致，符合逐级向临空方向牵引式变形的特征，如图 7.4 所示。

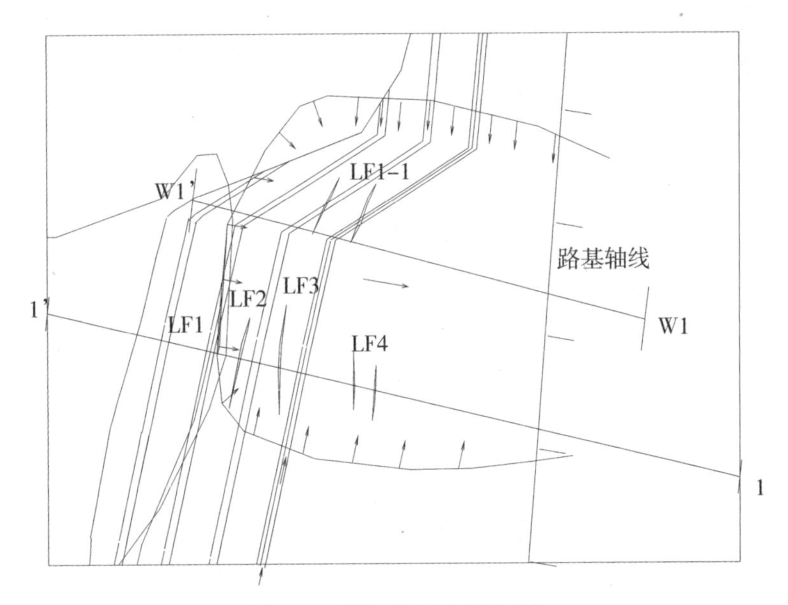


图 7.4　强变形Ⅰ区平面形态

Fig. 7.4　Plan view of Section Ⅰ with heavy deformation

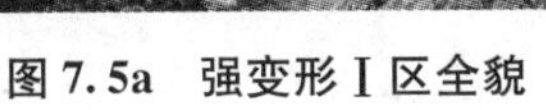

图 7.5a　强变形Ⅰ区全貌　　　图 7.5b　垮塌部位前缘呈"舌"状

图 7.5　强变形Ⅰ区全貌及部分不利变形

Fig. 7.5　The full view of Section I heavy deformation and some local unexpectable deformation

边坡前缘可见少量地下水汇集，沿坡面漫流，坡顶覆盖层厚度约 0～6.5m，主要为人工填土、崩坡积碎石土和粉质黏土，开挖坡面基岩裸露，基岩为页岩和灰岩互层，受周边断层带影响，开挖面揭露岩体极破碎，呈碎裂状。如图 7.5 所示。

强变形Ⅱ区：该段边坡纵向长约 100m，横向长约 70m，坡度角 5°～40°，边坡高度10～25m，如图 7.6 和图 7.7 所示。

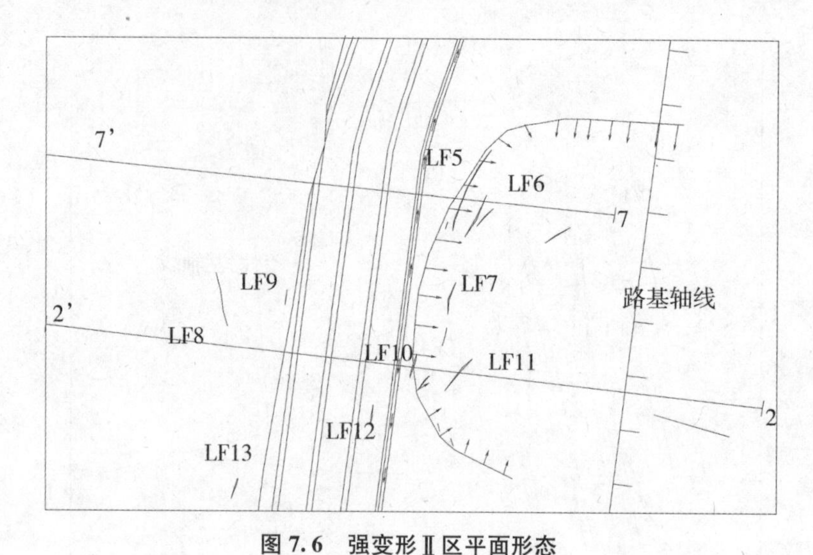


图 7.6 强变形Ⅱ区平面形态

Fig. 7.6 Plan view of Section Ⅱ with heavy deformation

图 7.7 强变形Ⅱ区全貌

Fig. 7.7 The photograph of Section Ⅱ with heavy deformation

该区为分级开挖，中部存在两级平台，平台宽度 5～8m，未进行任何支挡，坡体表层粉质黏土在地表水长期作用下呈软塑状，前缘开挖临空后，向临空方向逐级滑塌，呈“圈椅”状；后缘和开挖平台上发育多级平行裂缝(图 7.8a)，裂缝沿边坡走向延伸，延伸长度 10～25m，张开 0.1～0.5m，向临空方向开裂下错，最大错距约 2m(图 7.8b)，开挖坡面底部可见多处渗水，滑塌边坡区内施工单位对边坡出水点进行了集中引排，集中引排区域粉质黏土表层仍呈流塑状。

**图 7. 8a　开挖平台临空方向密集裂缝**

**Fig. 7. 8a　Much cracks in the excavated platform**

**图 7. 8b　滑塌部位后缘裂缝多级下错**

**Fig. 7. 8b　The failed region with much tensile cracks at the back of the slope**

K32＋500～K32＋600 边坡地形呈上缓下陡，坡向 95°，坡度角 10°～40°，边坡高度约 25m，中部有两级施工开挖马道，马道宽度 7～11m，未进行任何支挡，坡顶覆盖层厚度约 0～25m，主要为粉质黏土，呈可塑一硬塑状，开挖面未见基岩，因前缘开挖，后缘坡体在自重作用下向临空方向变形，造成后缘多处开裂下错，裂缝张开 0. 1～0. 2m，局部部分裂缝下错 0. 5～1m，延伸长度 5～20m，边坡前缘在暴雨期间局部垮塌，坡面可见地下水漫流，如图 7. 9 所示。

**图 7. 9a　边坡前缘局部垮塌**

**Fig. 7. 9a　The failed region at the front of the slope**

**图 7. 9b　边坡后缘裂缝多级下错，错距达 0. 5m**

**Fig. 7. 9b　The failed region with 0. 5m cracks at the back of the slope**

图 7.9c　边坡后缘裂缝张开 5～15cm

Fig. 7.9c　The failed region with 5～15cm cracks at the back of the slope

图 7.9d　边坡后缘纵向裂缝

Fig. 7.9d　The failed region with portrait cracks at the back of the slope

综上可发现：马武停车区边坡深层处的岩体在地表水软化和前缘失去支撑情况下已经产生多处滑塌，后缘拉裂下错现象明显。边坡前缘无支挡，坡顶后缘因前缘滑塌向临空方向卸荷，形成多条平行边坡走向裂缝，该边坡在降雨或其他外部因素扰动状态下，有继续变形破坏的趋势。一旦发生进一步的变形，将危及边坡后侧谭家院子和张家院子、前缘石黔高速公路马武搅拌站，边坡失稳将对居民生命财产安全和高速公路建设施工安全形成巨大威胁。

外部因素对边坡的干扰将增大各种不确定性，因而需要对该边坡进一步进行可靠度分析。

## 7.4　RBD 的可靠度设计理念

近些年，基于可靠度理论知识的设计在欧洲规范 7(Eurocode 7)逐步应用开来。基于可靠度理论的设计方法，即 Reliability-based Design (RBD)，可以在确定性问题外发挥很重要的补充角色[193]。陈祖煜等[194－196]指出，RBD 主要分为两个主要步骤，第一步：取一个具有代表性的工况，在已确立的目标可靠指标下求解相应的变量取值；第二步：通过改变代表性工况点输入的随机变量取值，判断第一步设定的标定值是否满足要求。

对石黔高速马武停车区边坡所引起的不稳定性，可以考虑采用 RBD 方法来进行补充设计为边坡稳定性分析提供可靠依据。

根据设计资料，两个强变形区涉及如图 7.10a 和 7.10b 所示。图中蓝色线标注的台阶为设计的边坡开挖线，基本上开挖线处为岩体。另外，按照设计开挖后，两个强变形区边坡实际为多阶梯边坡。因而，本章先对开挖坡率合理性进行分析，然后将第四章所述的新响应面法和第五章所述的契比雪夫不等式估算法的可靠度理念植入到边坡可靠度设计中，提供更为严谨的边坡稳定性评价。

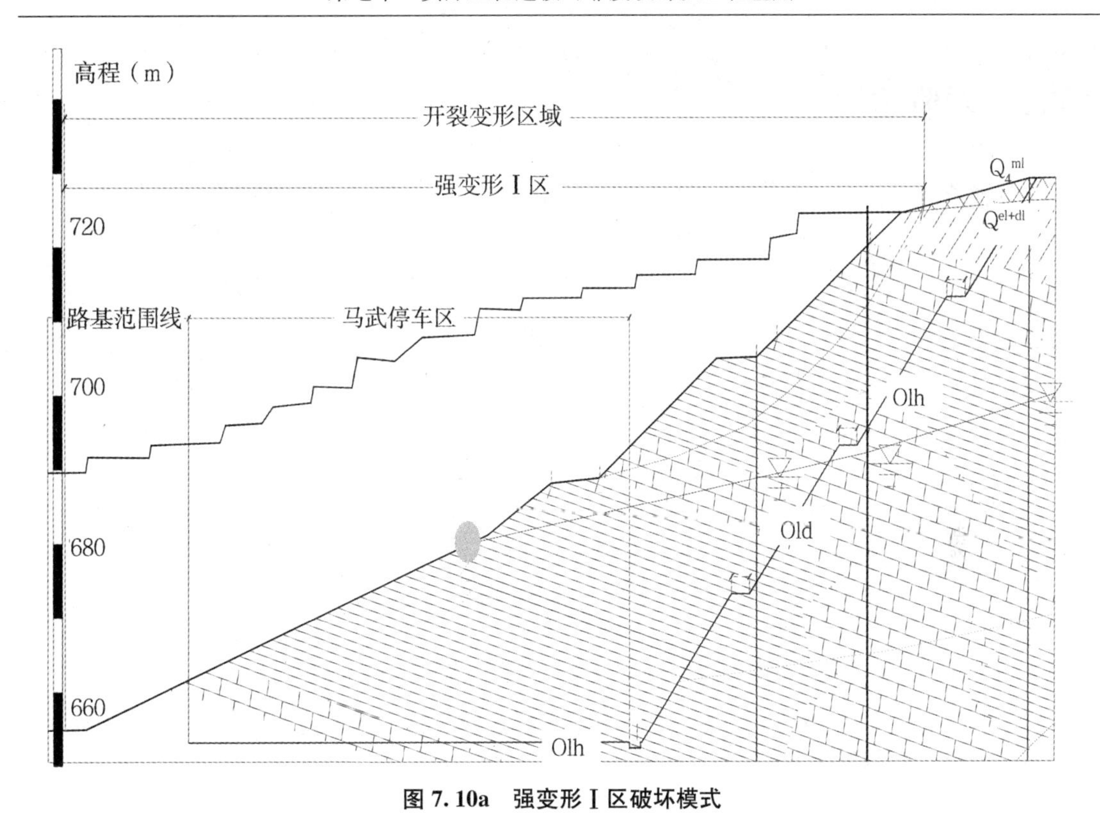


**图 7.10a　强变形Ⅰ区破坏模式**

**Fig. 7.10a　Failure mode of area Ⅰ with strong deformation in Mawu Slope**

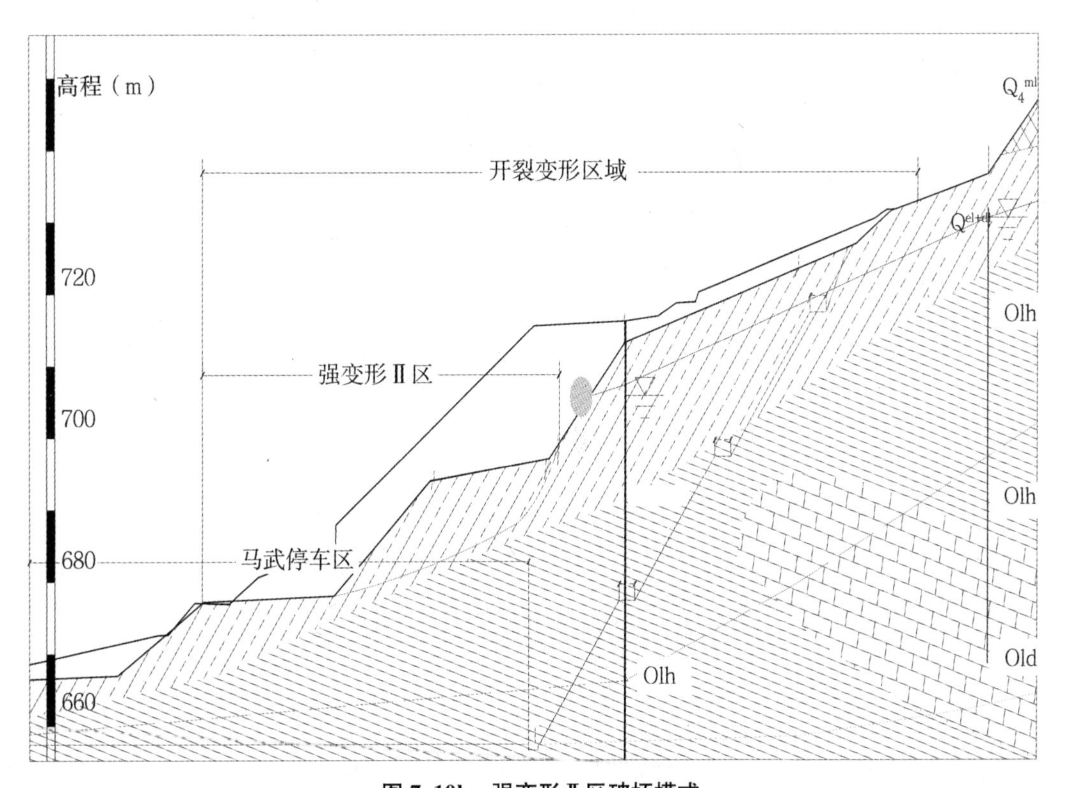


**图 7.10b　强变形Ⅱ区破坏模式**

**Fig. 7.10b　Failure mode of Section Ⅱ with heavy deformation**

### 7.4.1 单阶边坡

为研究多阶梯边坡，首先需对单阶边坡进行研究。单阶梯形边坡描绘如图 7.11 所示。

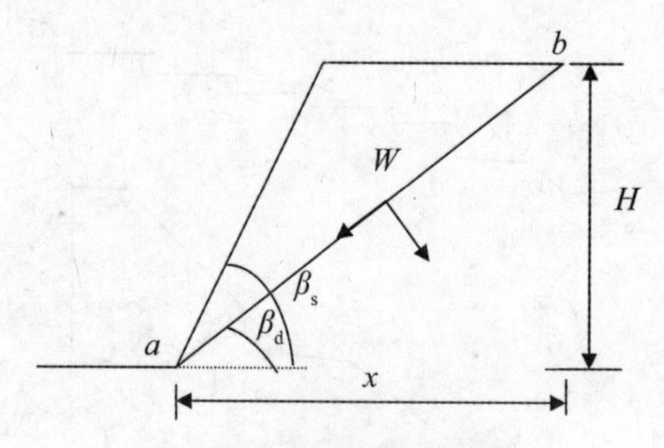


图 7.11 单阶梯边坡模型

Fig. 7.11 One-step slope geometric model

如图 7.11 所示，假设边坡沿着软弱结构面 ab 滑动；$L$ 表示滑面的 ab 总长度；$\beta_s$ 指的是边坡的坡脚，$\beta_d$ 表示边坡滑裂面与水平方向夹角。$W$ 为滑块重量。当黏聚力和内摩擦角考虑为常数时，边坡安全系数为

$$F=\frac{cL+W\cos\beta_d\tan\varphi}{W\sin\beta_d} \tag{7.1}$$

其中 $c$ 为滑面上的黏聚力，$\varphi$ 为软弱滑面的内摩擦角。

由几何关系可知

$$\frac{H}{L}=\sin\beta_d \tag{7.2}$$

由正弦定理，滑块的重量为

$$W=\frac{\gamma h^2\sin(\beta_s-\beta_d)}{2\sin\beta_d\sin\beta_s} \tag{7.3}$$

将式(7.2)和式(7.3)代入式(7.1)，有

$$F=\frac{2c\sin\beta_s}{\gamma H\sin(\beta_s-\beta_d)\sin\beta_d}+\frac{\tan\varphi}{\tan\beta_d} \tag{7.4}$$

为寻找潜在滑裂面，一般需找寻式(7.4)中 $F$ 的最小值即可。很显然，黏聚力和内摩擦角也是影响 $F$ 的两个重要变量。我们不妨先研究随机变量取平均值的情况。根据第五章所述，当黏聚力和摩擦角为随机变量时，当变量取均值时，“确定性”安全系数为

$$F=\frac{2\mu_c\sin\beta_s}{\gamma H\sin(\beta_s-\beta_d)\sin\beta_d}+\frac{\mu_{\tan\varphi}}{\tan\beta_d} \tag{7.5}$$

为了求 $F$ 的最小值，将坡脚与坡顶裂纹距离的投影距离设为 $x$，则

$$\sin\beta_d=\frac{H}{\sqrt{H^2+x^2}} \tag{7.6}$$

$$W=\frac{\gamma H}{2}(x-H\cot\beta_s) \tag{7.7}$$

将式(7.6)和式(7.7)代入式(7.1)，有

$$F=\frac{2c(H^2+x^2)}{\gamma H^2(x-H\cot\beta_s)}+\frac{x\tan\varphi}{H} \tag{7.8}$$

观察式(7.8)，安全系数 $F$ 可以看做变量 $x$ 的函数。对其求导，并令导数等于 0，我们有

$$\frac{\mathrm{d}F}{\mathrm{d}x}=\frac{4c}{\gamma H^2(x-H\cot\beta_s)}-\frac{2c(H^2+x^2)}{\gamma H^2(x-H\cot\beta_s)^2}+\frac{\tan\varphi}{H}=0 \tag{7.9}$$

化简式(7.9)，即

$$(2c+\gamma H\tan\varphi)x^2+(-2\gamma H^2\tan\varphi\cot\beta_s-4cH\cot\beta_s)x+(-2cH^2+\gamma H^3\tan\varphi\cot^2\beta_s)=0 \tag{7.10}$$

解式(7.10)得

$$x=H\cot\beta_s\pm H\sqrt{\frac{2c(1+\cot^2\beta_s)}{2c+\gamma H\tan\varphi}} \tag{7.11}$$

分析可知，$x<H\cot\beta_s$ 时，边坡滑裂面不在边坡内，因而

$$x_{\min}=H\cot\beta_s+H\sqrt{\frac{2c(1+\cot^2\beta_s)}{2c+\gamma H\tan\varphi}} \tag{7.12}$$

因而，边坡安全系数最小时，滑裂面与水平方向夹角 $\beta_d$ 为

$$\beta_{d\min}=\arctan\left(\frac{H}{x_{\min}}\right)=\arctan\left[\frac{1}{\left(\cot\beta_s+\sqrt{\dfrac{2c(1+\cot^2\beta_s)}{2c+\gamma H\tan\varphi}}\right)}\right] \tag{7.13}$$

## 7.4.2 多阶梯边坡

多阶梯形边坡描绘如图 7.12 所示。其中 $H_1$ 和 $H_2$ 分别为边坡上、下台阶高度，$\beta_2$ 为边坡上台阶倾角。

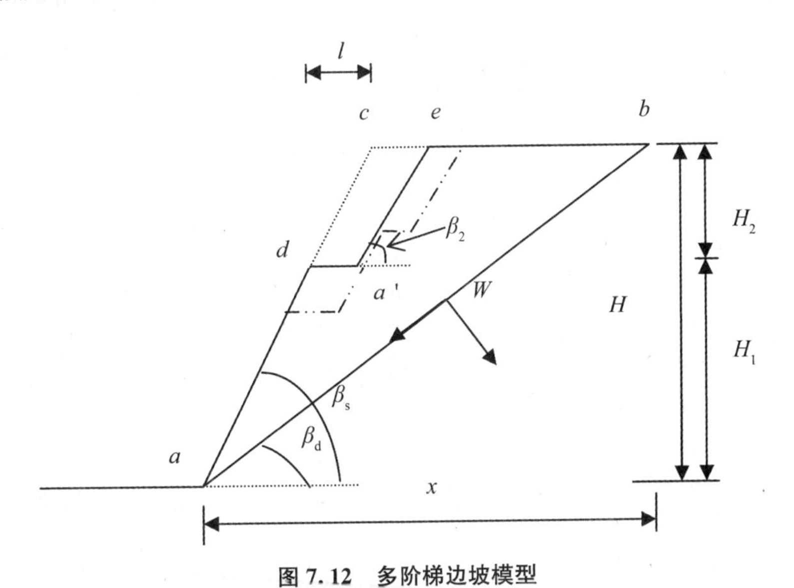


图 7.12　多阶梯边坡模型

Fig. 7.12　Multi-step slope geometric model

当边坡为图 7.12 实线所示的二台阶边坡，由几何关系可知，四边形 a′ecd 重量为

$$W'=\frac{\gamma H_2}{2}\left[2l+H_2(\cot\beta_2-\cot\beta_s)\right] \tag{7.14}$$

为计算方便，不妨假设

$$W'=\frac{\gamma H_2}{2}\left[2l+H_2(\cot\beta_2-\cot\beta_s)\right]=\frac{\xi\gamma H^2}{2} \tag{7.15}$$

其中，

$$\xi=\frac{H_2}{H^2}\left[2l+H_2(\cot\beta_2-\cot\beta_s)\right] \tag{7.16}$$

三角形 abc 的重量在公式(7.7)已经给出，根据式(7.7)和(7.14)可得滑块 ada′eb 的重量为

$$W_{all}=W-W'=\frac{\gamma H}{2}\left[x-H(\cot\beta_s+\xi)\right] \tag{7.17}$$

二台阶边坡同样存在式(7.6)几何关系，将式(7.17)代入式(7.5)，可得

$$F=\frac{2c(H^2+x^2)}{\gamma H^2(x-H\cot\beta_s-H\xi)}+\frac{x\tan\varphi}{H} \tag{7.18}$$

同理，观察式(7.18)，安全系数 $F$ 可以看做变量 $x$ 的函数。对其求导，并令导数等于 0，化简后得

$$x_{\min}=H(\cot\beta_s+\xi)+H\sqrt{\frac{2c\left[1+(\cot\beta_s+\xi)^2\right]}{2c+\gamma H\tan\varphi}} \tag{7.19}$$

因而，边坡安全系数最小时，滑裂面与水平方向夹角 $\beta_d$ 为

$$\beta_{d\min}=\arctan\left(\frac{H}{x_{\min}}\right)=\arctan\left[\frac{1}{\left(\cot\beta_s+\xi+\sqrt{\frac{2c\left[1+(\cot\beta_s+\xi)^2\right]}{2c+\gamma H\tan\varphi}}\right)}\right] \tag{7.20}$$

对比公式(7.20)和公式(7.13)可知，单阶梯边坡和二台阶边坡最可能破坏倾角的本质是将 $\cot\beta_s$ 变化为 $\cot\beta_s+\xi$。而 $\xi$ 的值在二台阶边坡中 $\xi=2W'/(\gamma H^2)$。即单阶梯减去多阶梯余下的面积重量。因而，三台阶甚至更多台阶同样可求得。此处不赘述。

### 7.4.3　RBD 的植入

根据 7.4.1 节和 7.4.2 节的推导，最可能破坏倾角确定后，实际上就确定了边坡最可能破坏滑面。因而我们可以根据该最可能破坏倾角与开挖坡率进行对比，显然，最可能破坏倾角大于边坡设计坡脚才满足工程稳定性要求。另外，所推导的最可能破坏倾角是在黏聚力和内摩擦角为定值时推算的，因而还需要考虑不确定性问题，这时将第四章的基于均匀设计和 LASSO 回归的响应面法应用其中。

总结而言，马武停车区边坡可靠度设计分为两步：

(1)判断最可能破坏倾角大于边坡设计坡脚：如果是，进行第二步，否则改变设计坡脚(即，坡率)。

(2)RBD 理念植入边坡设计。

为便于理解，RBD 方法在本案例应用的主要步骤介绍：

①根据边坡阶梯坡率计算单阶梯减去多阶梯的重量；

②将随机变量(如黏聚力和内摩擦角等)取均值的情况下，由式(7.20)得到最可能破坏倾角，即确定了潜在滑裂面；

③将最可能破坏倾角代入式(7.5)，此后，随机变量开始取变化值(均值和标准差)来计算阶梯边坡安全系数，即式(7.5)作为输出响应值；

④假定设计一个安全系数，比如取1.3，则功能函数为 $g'(x)=g(x)-F_{\text{design}}=g(x)-1.3$。其中 $g(x)$ 可通过第四章的均匀设计响应面法重构；

⑤根据岩土随机参数确定随机变量和样本点组合，采用基于均匀设计和LASSO的响应面法计算边坡失效概率。该失效概率可以作为边坡安全稳定性评价的补充参考，根据第三章表3.2判断边坡设计是否达到"期望功能水平"。如果达到了"一般"以上的期望功能水平，则设计的安全系数符合要求；如果不行，需调重新整设计开挖坡率。

## 7.4.4　边坡前缘稳定性评价

由于马武停车区边坡前缘为路基边坡，很显然，路基边坡需考虑外部荷载。由于路基下部多为硬岩，因而其破坏面多为折线组成，分析模型如图7.13所示。

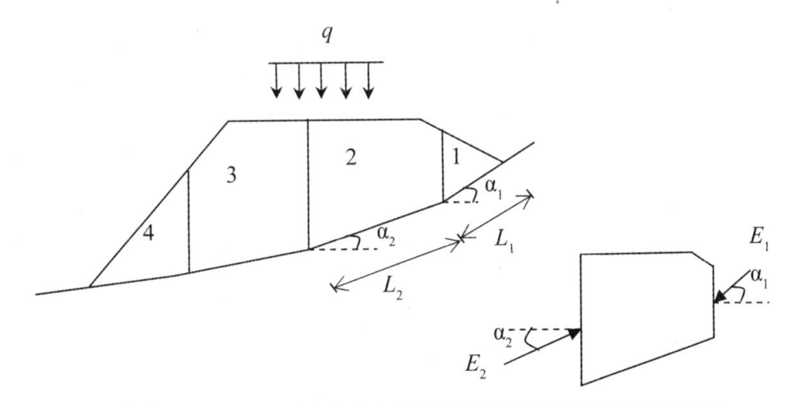


**图7.13　路堤沿斜坡地基或者软弱层带滑动稳定性计算示意图**

**Fig. 7.13　Schematic diagram of sliding stability calculation of embankment along slope foundation or weak layer**

安全系数计算公式如下[209-211]：

$$E_i=W_{qi}\sin\alpha_i-\frac{1}{F}[c_iL_i+W_{qi}\cos\alpha_i\tan\varphi_i]+E_{i-1}\Psi_{i-1} \tag{7.21}$$

$$\Psi_{i-1}=\cos(\alpha_{i-1}-\alpha_i)-\frac{\tan\varphi_i}{F}\sin(\alpha_{i-1}-\alpha_i) \tag{7.22}$$

其中，$W_{qi}$ 为第 $i$ 个条块的重力与外界荷载之和；$\alpha_i$，$\alpha_{i-1}$ 分别为第 $i$ 个和第 $i-1$ 个条块底滑面的倾角；$c_i$，$\varphi_i$ 是第 $i$ 个条块滑面的黏聚力和内摩擦角；$E_{i-1}$ 表示第 $i-1$ 个条块传递给第 $i$ 个条块的下滑力。根据式(7.21)和(7.22)逐个计算，直到第N条剩余推力为零，由此确定安全系数。

为考虑不确定性，如图7.13所示，对于块体1，采用第五章所述的一维随机场理论进行安全系数和失效概率的求解；对于块体2，采用块体1的岩体参数平均值所求的 $F$ 求得推力 $E_i$。如此类推，最后根据第五章的系统可靠度知识进行可靠度分析。

# 7.5 计算结果分析

## 7.5.1 拟开挖阶梯边坡可靠度计算结果

对于地震力：该边坡为非涉水边坡，经分析边坡的岩、土状态，根据《中国地震动参数区划图》(GB18306－2015)[205]，由于石柱县内地震设防烈度为6度，地震对区内影响较小，本次计算时不考虑地震的影响。

对于岩体重度：由室内试验成果与经验值综合确定，碎裂岩体天然重度26.5kN/m³，饱和重度27.5kN/m³，崩坡积碎石土天然重度取经验值20.50kN/m³，饱和重度取经验值21.00kN/m³。

对于抗剪强度参数：选定如下的两种工况进行稳定性计算。工况一：正常工况，边坡处于天然状态下的工况；工况二：非正常工况Ⅰ，边坡处于暴雨或连续降雨状态下的工况。

根据边坡变形破坏现状，同时根据地区经验和碎裂岩体工程类比取值，建议碎裂岩体$c$＝18kPa和$\varphi$＝18.5°作为边坡稳定性计算参数。抗剪强度具体取值见表7.6。

表7.6 边坡碎裂岩体抗剪强度指标

Table 7.6 Shear strength of rock mass in Mawu Slope

| 类别 | 工况一 | | 工况二 | |
|---|---|---|---|---|
| | $c$/kPa | φ/° | $c$/kPa | φ/° |
| 均值 | 20 | 20 | 18 | 18.5 |
| 标准差 | 2 | 2 | 2 | 1.9 |

根据边坡变形基本特征及图7.3，选取了最不利剖面1－1′、2－2′、7－7′和W1－W1′作为拟开挖阶梯形边坡的潜在滑裂面，其中剖面1－1′和W1－W1位于强变形Ⅰ区，剖面2－2′和7－7′位于强变形Ⅱ区。计算过程如7.4.3节所述。计算结果如表7.7所示。马武停车区边坡分为四个阶梯形边坡，为便于计算，根据式(7.20)直接计算工况二条件下边坡的最可能破坏倾角为38.6°，因为工况一条件下抗剪强度参数更高，保守而定，不需再计算工况一下的最可能破坏倾角。然后换算成坡率为1∶1.253。因而采用设计坡率必须大于1∶1.253。最后，根据步骤二，计算两种工况下的失效概率，其中设计安全系数$F_{design}$取1.3，再根据第四章所述方法求失效概率及第六章所述方法求解系统可靠度指标。

表 7.7　拟开挖阶梯边坡计算结果

Table 7.7　Caluation results of slope which will be excavated

| 开挖状态 | 工况 | 剖面 | 失效概率/% | 系统失效概率/% | 系统可靠度指标 | 期望功能水平 |
|---|---|---|---|---|---|---|
| 现状 | 工况一 | 1—1′ | 0.04 | 1.66 | 2.13 | 低劣 |
| | | 2—2′ | 0.05 | | | |
| | | 7—7′ | 0.85 | | | |
| | | W1—W1 | 0.73 | | | |
| | 工况二 | 1—1′ | 0.19 | 12.87 | 1.13 | 灾难性 |
| | | 2—2′ | 0.77 | | | |
| | | 7—7′ | 11.26 | | | |
| | | W1—W1 | 0.86 | | | |
| 1∶2 开挖 | 工况一 | 1—1′ | 0.72 | 14.99 | 1.04 | 灾难性 |
| | | 2—2′ | 14.26 | | | |
| | | 7—7′ | 0.14 | | | |
| | 工况二 | 1—1′ | 11.25 | 25.71 | 0.65 | 灾难性 |
| | | 2—2′ | 15.67 | | | |
| | | 7—7′ | 0.74 | | | |
| 1∶2.25 开挖 | 工况一 | 1—1′ | 0.17 | 1.11 | 2.29 | 低劣 |
| | | 2—2′ | 0.79 | | | |
| | | 7—7′ | 0.15 | | | |
| | 工况二 | 1—1′ | 0.87 | 15.03 | 1.14 | 灾难性 |
| | | 2—2′ | 8.24 | | | |
| | | 7—7′ | 6.59 | | | |
| 1∶2.5 开挖 | 工况一 | 1—1′ | 0.03 | 0.28 | 2.77 | 一般 |
| | | 2—2′ | 0.11 | | | |
| | | 7—7′ | 0.14 | | | |
| | 工况二 | 1—1′ | 0.14 | 1.14 | 2.23 | 低劣 |
| | | 2—2′ | 0.82 | | | |
| | | 7—7′ | 0.18 | | | |

续表

| 开挖状态 | 工况 | 剖面 | 失效概率/% | 系统失效概率/% | 系统可靠度指标 | 期望功能水平 |
|---|---|---|---|---|---|---|
| 1∶2.75 开挖 | 工况一 | 1—1′ | 0.02 | 0.11 | 3.05 | 一般 |
| | | 2—2′ | 0.03 | | | |
| | | 7—7′ | 0.06 | | | |
| | 工况二 | 1—1′ | 0.04 | 0.26 | 2.80 | 较差 |
| | | 2—2′ | 0.16 | | | |
| | | 7—7′ | 0.04 | | | |
| 1∶3 开挖 | 工况一 | 1—1′ | 0.02 | 0.05 | 3.27 | 一般 |
| | | 2—2′ | 0.02 | | | |
| | | 7—7′ | 0.01 | | | |
| | 工况二 | 1—1′ | 0.03 | 0.06 | 3.22 | 一般 |
| | | 2—2′ | 0.02 | | | |
| | | 7—7′ | 0.01 | | | |

①在工况一条件下，按现状地形，边坡处于欠稳定—稳定状态，1∶2 坡率开挖后边坡处于不稳定—基本稳定状态，1∶2.25 坡率开挖后边坡处于基本稳定—稳定状态，1∶2.5、1∶2.75、1∶3 坡率开挖后处于稳定状态。且 1∶1 坡率开挖后边坡期望功能水平均为“灾难性的”，而 1∶3 坡率开挖后边坡期望功能水平为“一般”～“好”。

②在工况二条件下，按现状地形，边坡处于不稳定—基本稳定，1∶2 坡率开挖后边坡处于不稳定—欠稳定状态，1∶2.25 坡率开挖后处于欠稳定状态，1∶2.5、1∶2.75 坡率开挖后处于基本稳定—稳定状态，1∶3 坡率开挖后处于稳定状态。且 1∶1 坡率开挖后边坡期望功能水平均为“灾难性的”，而 1∶3 坡率开挖后边坡期望功能水平为“一般”～“好”。

总结可知，阶梯边坡若按照坡率为 1∶3 设计开挖，且设计安全系数为 1.3 时，边坡期望功能水平基本上达到要求。

### 7.5.2 边坡前缘可靠度计算结果

边坡前缘及路基边坡，其稳定性同样需要评价，此处结合第五章随机场理论来进行求解。

如上节所述，由于石柱县内地震设防烈度为 6 度，地震对区内影响较小，本次计算时不考虑地震的影响。

对于岩体重度：由室内试验成果与经验值综合确定，不考虑饱和状态，碎裂岩体天然重度 26.5kN/m$^3$，崩坡积碎石土天然重度取经验值 20.50kN/m$^3$。

对于抗剪强度参数：由于路基会进行排水和防渗，因而只考虑正常工况，即边坡处于天然状态下的工况。

根据边坡变形破坏现状，同时根据地区经验和碎裂岩体工程类比取值，建议碎裂岩体取均值分别为 $c=22\text{kPa}$ 和 $\varphi=24°$，标准差分别为 2 和 1.5，作为边坡稳定性计算参数。另外，外界荷载作为均布荷载，取 100kPa/m；偏心距为 0.5，黏聚力和内摩擦角的相关长度均取 2。计算结果如表 7.8 所示。

**表 7.8　边坡前缘计算结果**

**Table 7.8　Caluation results of slope under the highway**

| 块体 | 失效概率/% | 系统失效概率/% | 系统可靠度指标 | 期望功能水平 |
|---|---|---|---|---|
| 1 | 0.21 | 0.598 | 2.5 | 一般 |
| 2 | 0.18 | | | |
| 3 | 0.17 | | | |
| 4 | 0.14 | | | |

## 7.5.3　边坡整体稳定评价结论

在工况一条件下和工况二条件下，按 1∶3 坡率开挖后边坡期望功能水平为“一般”～“好”。因此，边坡按照坡率 1∶3 开挖较为适当。

若边坡前缘采用防护处置，则马武停车区整个边坡可作为并联系统来分析整个边坡的稳定性，整个边坡的系统可靠度最小值为具有失效概率最大值的单元所决定，即通过式(5.22)来决定。此时边坡系统失效概率为 0.0006，系统可靠度指标为 3.22，期望功能水平为“一般”～“好”之间。

若边坡前缘开挖临空，未进行防护处置，则马武停车区整个边坡可作为串联系统来分析整个边坡的稳定性，整个边坡的系统可靠度需通过式(5.21)来决定。此时边坡系统失效概率为 0.0065，系统可靠度指标为 2.49，期望功能水平接近“一般”。

# 7.6　长沙冰雪世界边坡可靠度分析

## 7.6.1　场地地理位置及地形地貌

冰雪世界项目上层村落场地位于湘江西岸，长沙市岳麓区坪塘镇山塘村一狮峰山村地段，湖南省新生水泥厂原有采石场坑西南侧。

场地原始地貌单元为湘江河流冲积Ⅱ级堆积阶地。

现场的地势起伏较大，整体呈西北高东南低的趋势，区域地形高差近 16m。勘察期间各钻孔孔口标高在 22.15～38.04m 之间。如图 7.14 所示。

矿坑边坡岩溶发育，岩溶体积大小形状各异，充填和次生充填溶洞区域的存在导致其力学参数存在不确定性，确定荷载作用下的岩溶发育区边坡潜在滑裂面及边坡系统可靠度存在难点。

**图 7.14 冰雪世界废弃矿坑岩质边坡**

**Fig. 7.14 Ice World abandoned pit rock slope**

冰雪世界以废弃采石矿坑为基地进行建造，所处的地质环境复杂以及冰雪世界设计荷载大，边坡岩壁直接作为承载平台，显然岩质边坡在荷载作用下其系统稳定性较为关键。同时，整体地形地貌为内凹不规则，边坡高陡且岩体破碎，岩溶发育充分，这一方面增加了高陡内凹岩溶发育区边坡潜在滑面复杂性，同时也存在岩土参数的难以确定性。而国内外相关研究及实践十分缺乏，无法实现重载作用下多潜在滑面的确定，很难解决岩溶矿坑边坡参数存在的不确定性，且很难做到岩质边坡的整体稳定性精确分析。

## 7.6.2 地质构造

长沙位于东南地洼区雪峰地穹系湘江地洼列幕阜地穹西南端的乌山洼凸区，经历了槽、台、洼三大构造演化阶段，现已进入余动期。中生代以降，形成了 NE－NNE 向展布的断隆、断陷。至燕山晚期，区域上处于整体缓慢间歇性抬升，缺失下第三系地层，长期的侵蚀、剥蚀，在近场地形成不同级别的剥离面和低丘岗地，为第四系堆积准备了古地理条件。第四系构造运动以差异性升降运动为主，在场地内形成了多级阶地。

本区基底为中元古界冷家溪群浅变质岩，经历了武陵、雪峰、加里东、印支、燕山及喜山运动等多次构造运动，形成了 NW、EW、NE、NNE、SN 五个方向的断褶构造，构成了本区基本构造骨架。区内断裂构造以 NE 向极为发育，其次为 NW 向和 EW 向，再次为 NNE 向和 SN 向。

拟建场地无全新世活动断裂，可不考虑断裂对场地的稳定性影响。

## 7.6.3 地层岩性

场地勘察深度范围内各岩土层按钻探顺序自上而下描述如下：

1. 杂填土①($Q_4^{ml}$)(①为地层代号，下同)

褐黄、褐红及灰黑等色，湿，结构松散～稍密状。由黏性土混灰岩碎石、块石及砂卵石等组成，局部夹少量砖渣及植物根茎。一般含硬质物 15%～25%，局部达 50%，硬质物粒径大小不一，一般为 1～10cm 不等，多呈棱角状。该层大部分均系采石场采石开挖及在建冰雪世界其他项目土方堆填而成，局部有较大灰岩块石回填，密实度不均。大部分堆填时间在 5 年以上，部分为新近回填。该层大部分场地均有分布，层厚 0.3～17.50m，平均厚度 7.81m。

2. 粉质黏土④($Q_2^{al}$)

红黄、褐黄及褐红色，一般为硬塑状，局部可塑状，湿。具网纹状结构，含少许铁锰质氧化物，局部夹砂砾石。无摇震反应，切面光滑，干强度中等偏高，韧性中等。该层在场地内局部分布，见于钻孔 SZK1205～SZK1212，层厚 6.80～11.30m，平均厚度 8.21m。

3. 微风化灰岩⑨($D_q$)

灰白色、青灰色及灰黑色，细晶一隐晶结构，厚层状构造。岩芯呈长柱状、短柱状、块状，局部见溶蚀小孔，溶蚀裂隙。节理裂隙较发育，局部裂隙见方解石细脉充填。属坚硬岩，岩体完整性程度介于较完整～完整之间，岩体基本质量等级为Ⅲ级，岩石质量指标(RQD＝75～90)为较好的。该层为场地基岩，具体厚度不详，控制完整的层厚均＞5m。

在本层上部，存在完整性程度较破碎～破碎的微风化灰岩⑨－3，特征如下。

微风化灰岩⑨－3($D_q$)：灰白色、青灰色夹褐红色，细晶一隐晶结构，裂隙块状或中厚层状构造。岩芯呈长柱状、短柱状、块状，局部见溶蚀小孔，溶蚀裂隙。节理裂隙较发育～极发育，裂隙见褐红色铁锰质氧化物及泥质胶结物充填。属较硬岩，岩体完整性程度介于较破碎～破碎之间，岩体基本质量等级为Ⅳ级，岩石质量指标(RQD＝50～90)为较差的～较好的。该层为场地基岩，部分钻孔未揭穿该层，揭露层厚 0.80～50.00m。场地内岩层顶面起伏较大，标高介于 7.47～34.96m 之间。

## 7.6.4 岩体基本质量分级

根据设计要求，需确定上层村落区域的岩石等级，并重点关注柱底的岩体等级及深度。上层村落区域三分之一左右钻孔作为控制性钻孔，需钻探至Ⅲ类岩体一定深度，以此来控制整个区域及柱底岩体等级深度范围。

根据现场地质调查及钻探结果，该区域大部分分布Ⅳ类微风化岩。根据Ⅳ类微风化岩在场地内分布深度不同，划分场地为两个区：A、B 区。A 区内在标高－10～－15m 以上和 B 区内标高 5－10m 以上，岩体裂隙极发育，岩体被节理、裂隙切割成碎块状，岩体裂隙内充填铁锰质氧化物及泥质胶结物，无明显层面，岩体完整性很差(见：图 7.15)，为Ⅳ类岩体。其下为Ⅲ类岩体。

勘察过程中，根据设计要求，部分钻孔受深度控制要求，少部分钻孔未揭穿Ⅳ类岩体，建议施工时加强验槽工作，结合施工实际情况确认，必要时应进行施工勘察。

a　上层村落区域岩体

b　岩芯裂隙发育

**图 7.15　废弃矿坑岩体破碎**

**Fig. 7.15　Weak rock mass in the abandoned pit**

## 7.6.5　岩土物理力学性质

为了解和评价场地地基土的岩土工程性质，勘察过程中通过采取土样 11 件，岩样试样 22 组进行岩土物理力学性质试验。试验结果详见附表（YT－201511－005－1－4、YT－201511－005－1－5），统计结果见下表 7.9、7.10。

**表 7.9　　土体物理力学性质试验成果统计表**

**Table 7.9　　Testing results for soils**

| 序号 | 岩土名称 | 统项目 | 天然含水量 ω/% | 质量密度 ρ/(g/cm³) | 土粒比重 Gs | 天然孔隙比 e | 塑性指数 $I_P$ | 液性指数 $I_L$ | 压缩系数 α 0.1－0.2 (1/MPa) | 压缩模量 Es 0.1－0.2 (MPa) | 内摩擦角 φ/° | 黏聚力 C/kPa |
|---|---|---|---|---|---|---|---|---|---|---|---|---|
| 1 | 杂填土① | 统计个数 | 8 | 6 | 8 | 6 | 8 | 8 | 6 | 6 | 1 | 1 |
| | | 最大值 | 26.8 | 2.08 | 2.72 | 0.771 | 15.6 | 0.27 | 0.240 | 11.74 | 10.2 | 25.0 |

续表

| 序号 | 岩土名称 | 统项目 | 天然含水量 $\omega$/% | 质量密度 $\rho$/(g/cm$^3$) | 土粒比重 Gs | 天然孔隙比 e | 塑性指数 $I_P$ | 液性指数 $I_L$ | 压缩系数 $\alpha$ 0.1—0.2 (1/MPa) | 压缩模量 Es 0.1—0.2 (MPa) | 内摩擦角 $\phi$/° | 黏聚力 $C$/kPa |
|---|---|---|---|---|---|---|---|---|---|---|---|---|
| | | 最小值 | 16.1 | 1.93 | 2.70 | 0.527 | 12.3 | −0.09 | 0.130 | 7.38 | 10.2 | 25.0 |
| | | 平均值 | 21.4 | 1.97 | 2.71 | 0.682 | 13.8 | 0.07 | 0.192 | 9.06 | 10.2 | 25.0 |
| | | 标准差 | 4.374 | 0.056 | 0.007 | 0.090 | 0.980 | 0.144 | 0.041 | 1.633 | | |
| | | 变异系数 | 0.204 | 0.028 | 0.003 | 0.132 | 0.071 | 2.098 | 0.212 | 0.180 | | |
| 2 | 粉质黏土④ | 个数 | 3 | 3 | 3 | 3 | 3 | 3 | 3 | 3 | 1 | 1 |
| | | 最大值 | 26.4 | 1.99 | 2.71 | 0.783 | 15.3 | 0.16 | 0.260 | 9.29 | 11.0 | 31.0 |
| | | 最小值 | 25.0 | 1.90 | 2.70 | 0.696 | 13.7 | 0.08 | 0.190 | 6.86 | 11.0 | 31.0 |
| | | 平均值 | 25.5 | 1.94 | 2.71 | 0.748 | 14.5 | 0.11 | 0.227 | 7.84 | 11.0 | 31.0 |

注：统计时离散性较大的值已被剔除。

**表 7.10　岩石物理力学性质试验成果统计表**

**Table 7.10　Testing results for rock**

| 岩土层 | 统计项目 | 天然含水量 $\omega$/% | 天然密度 $\rho$/(g/cm$^3$) | 比重 Gs | 天然抗压强度 f∞(MPa) | 饱和抗压强度 f∞(MPa) | 软化系数 |
|---|---|---|---|---|---|---|---|
| 微风化灰岩⑨ | 统计个数 | 11 | 12 | 11 | 11 | 5 | 5 |
| | 最大值 | 0.2 | 2.75 | 2.83 | 92.30 | 56.40 | 0.85 |
| | 最小值 | 0.1 | 2.72 | 2.82 | 53.80 | 48.90 | 0.79 |
| | 平均值 | 0.1 | 2.74 | 2.82 | 68.64 | 54.08 | 0.82 |
| | 标准差 | 0.038 | 0.010 | 0.005 | 13.231 | | |
| | 变异系数 | 0.325 | 0.004 | 0.002 | 0.193 | | |
| | 标准值 | 0.1 | 2.73 | 2.82 | 61.33 | | |

续表

| 岩土层 | 统计项目 | 天然含水量 ω/% | 天然密度 ρ/(g/cm³) | 比重 Gs | 天然抗压强度 f∝(MPa) | 饱和抗压强度 f∝(MPa) | 软化系数 |
|---|---|---|---|---|---|---|---|
| 微风化灰岩⑨－3 | 统计个数 | 11 | 11 | 11 | 11 | 5 | 5 |
| | 最大值 | 0.3 | 2.76 | 2.82 | 45.30 | 40.10 | 0.80 |
| | 最小值 | 0.1 | 2.72 | 2.80 | 25.10 | 21.10 | 0.70 |
| | 平均值 | 0.2 | 2.74 | 2.81 | 35.24 | 33.90 | 0.77 |
| | 标准差 | 0.060 | 0.012 | 0.007 | 7.123 | | |
| | 变异系数 | 0.332 | 0.004 | 0.002 | 0.202 | | |
| | 标准值 | 0.2 | 2.73 | 2.80 | 31.30 | | |

注：统计修正系数 $\gamma_S = 1 - \left(\frac{1.704}{\sqrt{n}} + \frac{4.678}{n^2}\right)\delta$

## 7.6.6 水文地质条件

1. 场地地下水类型及特征

场地深度范围内地下水主要为上层滞水及基岩裂隙水。

上层滞水分布于场地的人工填土中，主要受大气降水及地表排水补给，水位季节性变化大且不连续。勘察期间水仅部分钻孔测得上层滞水，上层滞水稳定的水位埋深在4.00～6.10m之间，标高在16.61～33.54m之间，水量较小；基岩裂隙水存在于场地基岩灰岩中。上层滞水、基岩裂隙水水力联系相通，无稳定隔水层，上部水对下部水进行补给。

2. 地下水及土壤腐蚀性评价

勘察期间经调查场地未发现环境水污染源存在，另外根据我院已完成冰雪世界详勘对场地内水样的分析结果，按《岩土工程勘察规范》(GB50021－2001)(2009年版)判定：场地地下水环境类型为Ⅱ类，上层滞水对混凝土结构具微腐蚀、对混凝土结构中的钢筋具微腐蚀；杂填土、粉质黏土对混凝土结构及混凝土结构中的钢筋具微腐蚀，对钢结构具微腐蚀。

3. 抗浮设计水位

拟建上层村落为依现行地面架空形式，底板标高为33m，现地面标高介于22.15～38.04m之间，局部高于底板区域放坡后也低于底板标高，上层村落底板下大部分为开放式区域，综合考虑场地地形及矿坑处置后对地下水的排泄途径的影响，上层村落可不考虑抗浮设计。

## 7.6.7 不良地质作用

1. 岩溶

整个冰雪世界场地岩溶很发育，大部分均有充填物，为浅埋型岩溶，岩溶形态以溶洞或溶隙为主，次为溶蚀小孔，基岩顶部发育有溶沟(槽)。发育深度一般在地表下 30m 以内，并随深度而减弱，岩溶发育地层均为第四系松散堆积层覆盖。

本次勘察过程中，上层村落拟建场地范围内未发现溶洞，局部有溶蚀现象，岩石顶面起伏较大，标高介于 7.47～34.96m 之间，说明地表溶沟、溶槽、石芽等发育。在钻探过程中多孔在微风化岩层中出现循环水漏失或不返水现象，说明在灰岩中溶孔或溶隙较发育。如图 7.16 所示。

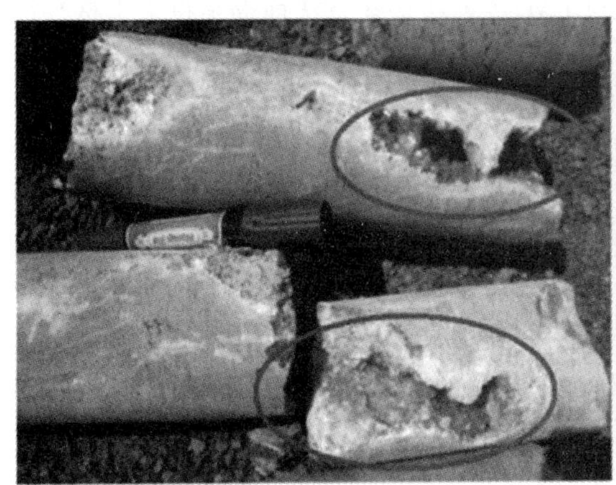

**图 7.16 废弃矿坑岩质边坡岩溶发育**

**Fig. 7.16 Abandoned pit rock slope with developed karst**

2. 高边坡

(1)场地内边坡。

场地西北高东南低，高差达近 16m，目前存在多级不规则边坡，且边坡仅局部做临时喷砼处理，经雨水冲刷、掏空，边坡多处出现小范围坍塌现象，但现状整体基本稳定。上层村落施工时，应采取必要措施对高边坡进行支护处理。

(2)采矿坑边坡。

场地东侧存在矿坑开采高边坡，主要为岩质边坡，拟建物距坑壁最近距离为 5～10m。坑壁边坡高 50～60m，坡度 80 度左右，根据业主、设计提供资料坑壁高边坡拟进行加固处理。上层村落施工时，应重点考虑该高边坡与坑顶拟建物的相互不利影响。

## 7.7 冰雪世界岩质边坡计算结果分析

### 7.7.1 滑裂面的确定

岩溶边坡的稳定性难以确定，本质上在于理论分析上难以突破；同样，现场无法获取精确参数，在可靠度分析方面本质为概率信息的不完备。为此，岩溶边坡的系统可靠度主要存在以下两个方面未解决问题：

1. 含溶洞岩质边坡潜在滑面的确定

冰雪世界以废弃采石矿坑为基地进行建造，整体地形地貌为内凹不规则，边坡高陡且岩体破碎，岩溶发育充分，这大大增加了高陡岩溶发育区边坡潜在滑面难以确定性。国内外对边坡潜在滑面多采用强度折减法和极限平衡法(LEM)等，而这些方法前提是将岩土材料视为均质材料、刚体，这显然不符合实际。另外，岩质边坡中，软弱结构面在其稳定性中扮演重要角色，目前仍无法在理论角度上对岩质岩溶边坡滑裂面进行严谨推导。

2. 溶蚀区溶洞内及边坡岩土参数的不确定性

岩土体参数赋存于自然界中经历过漫长的变化，赋存环境和条件具有复杂性和多变性等，而且人们不可能在事先搞得非常清楚，其中必然存在着很大认识不清、认识不准等不确定性因素。而冰雪世界岩质边坡所处的复杂地质环境以及荒废期间风化严重，岩溶发育区内溶洞大小不一，形状各异，充填程度不同，因而也存在溶洞、溶蚀区及软弱结构面等众多边坡岩体的岩土参数难以确定性。这警示我们在边坡稳定性分析时要将不确定性问题考虑进来。

很有必要了解冰雪世界项目边坡的地形地貌、地层岩性、地质构造及水文地质条件，并对岩土体参数力学指标进行了统计；通过对勘察数据的处理，降低了数据不确定性给边坡可靠度分析带来的影响；并采用可靠度理论对边坡前缘稳定性进行可靠度补充设计；根据现场调研，将边坡变形区分为：弱变形区、强变形Ⅰ区和强变形Ⅱ区，对三个变形区及整个边坡进行稳定性评价；同时对不同开挖工况下的边坡进行宏观分析和区域分析。

从研究现状来看，虽然研究者对岩质边坡不确定性问题进行了一些研究，也取得了一定的成果。但这些研究绝大多数仍是基于已有或假设的滑裂面，且对含溶洞的岩质边坡滑面搜索及其系统可靠度分析很少。同时，对于概率信息不完备，参数共线性问题，国内外的研究还十分缺乏。

对于平面剪切破坏岩质或岩溶边坡，其首要问题是滑裂面的确定。首先选定含溶洞的岩质边坡为分析对象，如图 7.17 所示，确定边坡的几何参数坡高 $h$，边坡坡脚 $\beta$；确定岩土材料的强度参数黏聚力 $c$，内摩擦角 $\varphi$ 和容重 $\gamma$；根据实际几何尺寸明确溶洞的位置和几何尺寸，本图假设溶洞为中空圆形，半径为 $r$；假设边坡滑裂面与水平方向夹角为 $\theta$，根据几何关系和余弦定理确定潜在滑块(包含溶洞在内)的面积，并将所求面积减去溶洞面一种含溶洞岩质边坡系统稳定性评估方法积，从而算出真实滑块的面积；进一步根据给出的容重确定真实滑块重力，并进一步根据岩土抗剪参数和几何参数确定滑块的抗滑力和下滑力。

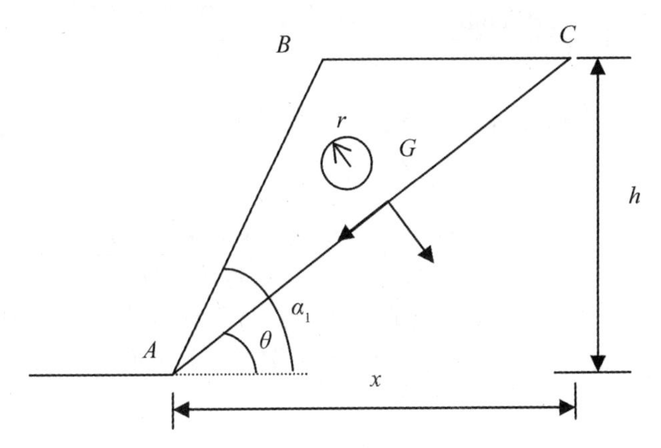


**图 7.17　含溶洞岩质边坡几何模型**

**Fig. 7.17　Pit rock slope with karst carverns**

根据稳定系数的概念，有

$$F=\frac{ch}{G\sin^2\theta}+\frac{\tan\varphi}{\tan\theta} \tag{7.23}$$

其中，$G$ 为潜在滑块的重量，假设滑面在水平方向的投影为 $x$ ，根据余弦定理可知

$$S=\frac{h^2\sin(\alpha_1-\theta)}{2\sin\alpha_1\sin\theta} \tag{7.24}$$

假设溶洞在二维平面内为圆形，半径为 $r$，则

$$S'=\pi r^2 \tag{7.25}$$

因此滑块的重量可以表示为

$$G=\gamma\left(\frac{h^2\sin(\alpha_1-\theta)}{2\sin\alpha_1\sin\theta}-\pi r^2\right) \tag{7.26}$$

为了获取稳定系数的最小值，需要对其表达式进一步化简，根据几何关系可知

$$\sin\theta=\frac{h}{\sqrt{h^2+x^2}}，\tan\theta=\frac{h}{x} \tag{7.27}$$

将式(7.27)代入式(7.26)，可得

$$G=\frac{\gamma}{2}[(x-h\cot\alpha_1)h-\pi r^2] \tag{7.28}$$

将式(7.28)代入式(7.23)，可得

$$F=\frac{2c(h^2+x^2)}{\gamma h[(x-h\cot\alpha_1)h-\pi r^2]}+\frac{x\tan\varphi}{h} \tag{7.29}$$

观察式(7.29)可知，稳定系数的最小值实际为 $x$ 为自变量的函数，潜在滑面的确定实际是求稳定系数的最小值。因而对式(7.29)求导，并令式子等于 0，存在

$$\frac{\mathrm{d}F}{\mathrm{d}x}=\frac{4cx}{\gamma h[(x-h\cot\alpha_1)h-S']^2}-\frac{2c(h^2+x^2)h}{[(x-h\cot\alpha_1)h-S']^2}+\frac{\tan\varphi}{h}=0 \tag{7.30}$$

化简式 (7.30)，即

$$(2c+\gamma hS'\tan\varphi)x^2-(2\gamma h^2S'\tan\varphi\cot\alpha_1+4ch\cot\alpha_1)x \\ +(-2cS'h^2+\gamma h^3\tan\varphi\cot^2\alpha_1)=0 \tag{7.31}$$

可以看出式(7.31)是一个一元二次方程，它的根为

$$x=\frac{h\cot\alpha_1}{S'}\pm h\sqrt{\frac{2c\left[1+(\cot\alpha+S')^2\right]}{2c+\gamma h\tan\varphi}} \tag{7.32}$$

显然 $x<\dfrac{h\cot\alpha_1}{S'}$ 不在边坡区域内. 此外，式 (7.31)实际上是开口向上的二次函数，因此式 (7.31)的解为

$$x_{\min}=\frac{h\cot\alpha_1}{S'}+h\sqrt{\frac{2c\left[1+(\cot\alpha+S')^2\right]}{2c+\gamma h\tan\varphi}} \tag{7.33}$$

一旦确定了滑面在水平方向投影 $x$ 的最小值，将其代入式(7.29)中，就可以得到岩质边坡安全系数 F 的最小值。根据图 7.17 中的几何关系，水平面与滑动面的夹角表示为

$$\theta_{\min}=\arctan\left(\frac{h}{x_{\min}}\right)=\arctan\left\{\left[\frac{h\cot\alpha_1}{S'}+h\sqrt{\frac{2c\left(1+(\cot\alpha+S')^2\right)}{2c+\gamma h\tan\phi}}\right]^{-1}\right\} \tag{7.34}$$

然而，溶洞可能存在多个，也可能溶洞本身就不在滑块以内，因而溶洞面积 $S$ 应具体情况具体分析，主要如下

$$S=\begin{cases}\dfrac{h^2\sin(\beta-\theta)}{2\sin\theta\sin\beta}-\pi r^2\\[2ex] \dfrac{h^2\sin(\beta-\theta)}{2\sin\theta\sin\beta}\\[2ex] \dfrac{h^2\sin(\beta-\theta)}{2\sin\theta\sin\beta}-\alpha\pi r^2\end{cases} \tag{7.35}$$

为验证推导公式的准确性，采用 Midas 软件对其进行了验证。

图 7.18 无溶洞时冰雪世界岩质边坡应变云图

**Fig. 7.18 Strain cloud figure of Ice World pit rock slope without karst cavern**

图 7.19　无溶洞时冰雪世界岩质边坡位移云图

Fig. 7.19　Displacement cloud figure of Ice World pit rock slope without karst cavern

图 7.20　冰雪世界岩质边坡应变云图(坡高/溶洞尺寸=5∶1)

Fig. 7.20　Strain cloud figure of Ice World pit rock slope(The diameter of karst cavern/The height of slope is equal to 5∶1)

图 7.21　冰雪世界岩质边坡位移云图(坡高/溶洞尺寸=5∶1)

Fig. 7.21　Displacement cloud figure of Ice World pit rock slope(The diameter of karst cavern/The height of slope is equal to 5∶1)

图 7.22　冰雪世界岩质边坡应变云图(坡高/溶洞尺寸=10：1)

Fig. 7.22　Strain cloud figure of Ice World pit rock slope(The diameter of karst cavern/ The height of slope is equal to 10：1)

图 7.23　冰雪世界岩质边坡位移云图(坡高/溶洞尺寸=10：1)

Fig. 7.23　Displacement cloud figure of Ice World pit rock slope(The diameter of karst cavern/ The height of slope is equal to 10：1)

图 7.24　冰雪世界岩质边坡应变云图(坡高/溶洞尺寸=20：1)

Fig. 7.24　Strain cloud figure of Ice World pit rock slope(The diameter of karst cavern/The height of slope is equal to 20：1)

图 7.25　冰雪世界岩质边坡位移云图(坡高/溶洞尺寸＝20∶1)

Fig. 7.25　Displacement cloud figure of Ice World pit rock slope(The diameter of karst cavern/The height of slope is equal to 20∶1)

根据相关工况，对边坡潜在滑面进行推导后，与数值计算结果(图 7.18－7.25)进行对比，发现两者结果基本一致。

## 7.7.2　拟开挖阶梯边坡可靠度计算结果

对于地震力：由于长沙大王山区域地震设防烈度为 6 度，地震对区内影响较小，本次计算时不考虑地震的影响。

对于岩体重度及抗剪强度参数，上节已经给出。对于上部荷载：

1. AB 区地下室桩基荷载。地下室底板标高 41m 或 43m，单根桩荷载均值约 7000kN，最大达到 10206kN，桩荷载作用于微风化岩体。

2. 挡墙及墙后填土荷载。荷载大小约 200kPa，作用标高在 30m 左右。

3. 坡面马道的地下室柱荷载。荷载大小一般为 1000kPa 左右，作用标高范围为 16～30m。

4. C 区上层村落桩基荷载。上层村落底板标高 33m，单根桩荷载约 8000kN，桩荷载作用于微风化岩体。

5. 16m 平台的柱荷载和环梁荷载。16m 平台柱采用独立基础，荷载大小 719～2437.5kPa；环梁竖向荷载为 800kN/m，水平荷载 200kN/m。

6. －17m 坑壁的连梁荷载。－17m 连梁的梁端嵌入坑壁，竖向荷载约 700kN，水平荷载 200kN/m。

根据边坡变形破坏现状，同时根据地区经验和碎裂岩体工程类比取值，建议碎裂岩体 $c$＝18kPa和 $\varphi$＝18.5°作为边坡稳定性计算参数。

根据边坡变形基本特征，鉴于该项目区域内土岩界限变化较大，为了准确了解个别部位边坡的安全性，一共选取了 23 个剖面分别进行了边坡稳定性分析。计算剖面的平面位置见图 7.26 所示。选取了最不利剖面 A 区为 A1－1′～A7－7′、B1－1′～B14－14′、C4 和 C6 作为拟开挖阶梯形边坡的潜在滑裂面，其中 A、B 为强变形Ⅰ区，C 为弱变形Ⅱ区。

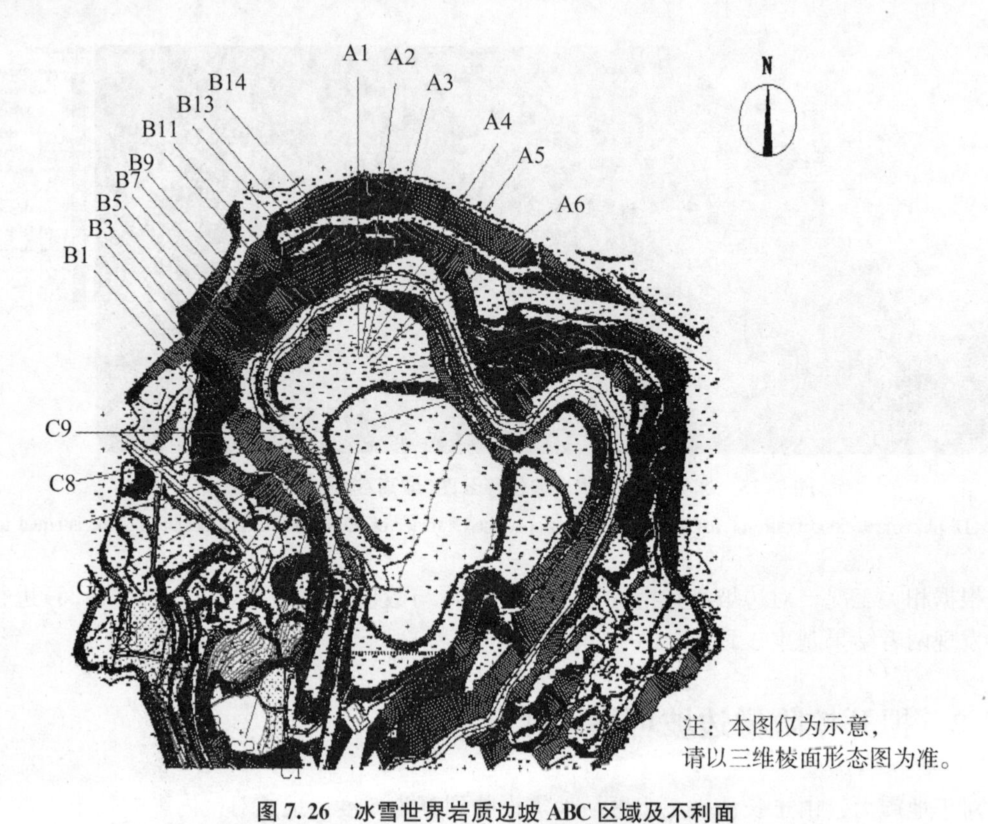


图 7.26 冰雪世界岩质边坡 ABC 区域及不利面

Fig. 7.26 Distribution of Ice World pit rock slope and the weak section

计算结果如表 7.11 所示。

表 7.11 冰雪世界边坡计算结果

Table 7.11 Caluation results of slope in Ice World

| 分区 | 剖面 | 稳定系数 | 失效概率/% | 系统失效概率/% | 系统可靠度指标 | 期望功能水平 |
|---|---|---|---|---|---|---|
| A | A1—1′ | 1.85 | 0.03 | 0.35 | 2.70 | 好 |
| | A2—2′ | 1.54 | 0.04 | | | |
| | A3—3′ | 1.44 | 0.05 | | | |
| | A4—4′ | 1.50 | 0.04 | | | |
| | A5—5′ | 1.54 | 0.04 | | | |
| | A6—6′ | 1.59 | 0.04 | | | |
| | A7—7′ | 1.14 | 0.15 | | | |

续表

| 分区 | 剖面 | 稳定系数 | 失效概率/% | 系统失效概率/% | 系统可靠度指标 | 期望功能水平 |
|---|---|---|---|---|---|---|
| B | B1—1′ | 3.06 | 0.01 | 35.68 | 0.46 | 灾难性 |
| | B 2—2′ | 2.74 | 0.01 | | | |
| | B 3—3′ | 0.79 | 24.57 | | | |
| | B 4—4′ | 1.77 | 0.04 | | | |
| | B 5—5′ | 0.76 | 25.05 | | | |
| | B 6—6′ | 0.82 | 18.32 | | | |
| | B 7—7′ | 2.52 | 0.01 | | | |
| | B 8—8′ | 3.18 | 0.01 | | | |
| | B 9—9′ | 3.77 | 0.01 | | | |
| | B 10—10′ | 4.59 | 0.01 | | | |
| | B 11—11′ | 1.59 | 0.04 | | | |
| | B 12—12′ | 1.94 | 0.03 | | | |
| | B 13—13′ | 1.53 | 0.04 | | | |
| | B 14—14′ | 1.70 | 0.03 | | | |
| C | C4—4′ | 2.66 | 0.01 | 0.02 | 3.49 | 很好 |
| | C6—6′ | 2.95 | 0.01 | | | |

总结可知，冰雪世界边坡 A 区稳定系数 7—7′剖面较为危险，若考虑降雨等，该处易发生失稳；B 区边坡区域内稳定性各异，整体而言需要重点关注；C 区整体稳定，划分为弱变形区。

## 7.7.3　总结及边坡处置措施

岩质边坡滑动面的确定是个难点，特别是对含溶洞的岩质边坡，其潜在滑裂面的找寻仍未得到解决。通过潜在滑动倾角的平面来表征潜在滑面，推导了含有(多)溶洞岩质边坡的潜在滑动面解析解。根据几何关系和余弦定理确定潜在滑块重力，并建立边坡稳定性包含边坡滑裂面与水平方向夹角 $\theta$ 的隐式方程，可通过迭代求解得到夹角 $\theta$ 的极小值。该极小值对应的稳定系数即为边坡若含溶洞岩质边坡稳定系数最小值。

永久边坡稳定性同样分为土质边坡永久稳定性和岩质边坡永久稳定性，其中土质边坡根据土质条件和场地规划布置的不同情况又分为 A、B 区锚杆(索)扶壁式挡土墙方案设计计算和 C 区高压旋喷注浆＋放坡＋支护桩＋预应力锚索＋挂网喷砼的设计计算。

## 7.8 边坡的处理措施及防治参数建议

### 7.8.1 防治原则及目标

①治理工程必须保证科学性。

边坡变形已影响到周边建筑和居民的生命财产安全、威胁高速公路建设施工安全，若不采取工程治理措施，边坡一旦发生进一步的变形，后缘居民建筑将遭到严重破坏。对边坡进行治理，不仅可以保障人民生命财产安全，确保高速公路顺利建设，还具有一定经济价值和社会意义。

②治理方案应选择技术可靠、经济合理、结构简单、可操作性强的方案。

③因地制宜，就地取材，节省防治费用。

④为便于决策单位使用，提供不同的治理方案作对比选择。

### 7.8.2 防治目标及措施建议

处置的目标是针对边坡的变形继续发展，遏制变形体的活动，免除边坡失稳对居民建筑和高速公路施工的威胁。

根据前述边坡基本特征、成因机制及发展趋势，以及边坡各部分剩余推力分布情况，针对该斜坡提出以下治理方案建议：

①边坡后缘及两侧边界设置截排水沟，将张家院子水井水源引出边坡区域。

②根据边坡稳定状态和完整基岩埋置深度，建议采用 1∶2.5 坡率放坡＋前缘支挡＋坡面防护＋截排水或者采用 1∶3 放坡＋坡面防护＋截排水方式对边坡进行处置。

## 7.9 本章小结

①对石黔高速马武停车区的地形地貌、地层岩性、地质构造及水文地质条件进行了概况，并对岩土体参数力学指标进行了统计；通过对勘察数据的处理，降低了数据不确定性给边坡可靠度分析带来的影响。

②将边坡变形区分为：强变形Ⅰ区和强变形Ⅱ区，基于 RBD 对不同开挖工况下和不同坡率下的强变形区的四个最不利剖面进行了可靠度分析；结果表明，设计安全系数为 1.3，且设计坡率为 1∶3，阶梯边坡最为稳定。

③边坡前缘开挖临空，防护处置的进行与否，将对整个边坡可靠度指标带来较大差异。进行防护处置，整个边坡系统失效概率为 0.0006，系统可靠度指标为 3.22；不进行防护处置，整个边坡系统失效概率为 0.0065，系统可靠度指标为 2.49。

④冰雪世界边坡 A 区稳定系数 7－7′剖面较为危险，若考虑降雨等，该处易发生失稳；B 区边坡区域内稳定性各异，整体而言需要重点关注；C 区整体稳定，划分为弱变形区。

# 第八章　结论与展望

由于自然界中的岩质边坡多为岩体，而岩体中的结构面使得计算力学参数存在不确定性，我们无法预先获取精确计算值。而且，实际勘察数据可能数据不足，无法获取真实的力学参数区间。因而，采用基于概率知识的可靠度分析方法来研究边坡稳定性很有必要。将岩体参数信息分为完备和不完备两种情况，对边坡多种破坏模式提出了不同的可靠度分析方法。单平面的剪切滑坡相对简单，采用一维和二维随机场理论对该种类型边坡的可靠度指标和失效概率函数表达式进行了推导；基于 SOED 的非线性响应面法对地震荷载作用下的带张裂缝平面剪切滑坡进行了失效概率估算；在近似蒙特卡罗方法基础上，提出了均匀设计方法构建样本配点方法的响应面法来计算旋转剪切滑坡可靠度指标；针对数据不足，无法获取随机变量分布类型的难题，采用契比雪夫不等式来估算多滑面旋转剪切边坡的系统可靠度。最后对实际工程进行了稳定性评价。

## 8.1　主要研究成果及结论

论文的研究工作取得的成果主要有以下几个方面：

①通过改变实验设计的轴点长度，构建了 SOED 设计矩阵，通过基于 SOED 的非线性响应面法获取的拟合方程残差更为精确；基于 SOED 的非线性响应面法可处理共线性问题，可为响应面法样本点取值提供重要参考；考虑张裂缝深度和地震荷载的滑坡可靠度分析，内摩擦角对岩质边坡稳定性影响最大。

②提出了一种基于均匀设计的新响应面可靠度分析方法。为解决传统响应面法样本点布置没有精确指导理论的问题，提出基于均匀设计来为响应面法样本点选取提供有力参考；随机变量共线性诊断有四种方法，即高度相关判断法、特征值法、方差膨胀因子法和容忍度法；当随机变量存在共线性的问题，很难获取精确的回归系数，进而影响可靠度的计算精确性。针对这一问题，提出了 LASSO 回归方法，该方法对于自变量之间存在共线性的情况下也可得到精确回归系数和回归模型；基于均匀设计的响应面法分析旋转剪切滑坡稳定性时，采用了三维严格极限平衡来获取输出响应值，使得边坡稳定性分析更为严谨可靠。

③基于一维和二维随机场理论推导了平面剪切滑坡安全系数和失效概率关系在单个或多个随机变量情况下的解析解，采用平均值、方差、马尔科夫相关函数对边坡的随机变量进行了表征，并研究了参数的自相关性和互相关性对边坡失效概率的影响；通过多个算例发现：当边坡的安全系数小于 1 时，随着摩擦系数的相关长度变小，边坡失效概率逐渐趋于 0；而当边坡的安全系数大于 1 时，随着摩擦系数的相关长度变小，边坡失效概率逐渐趋于 1；当边坡的安全系数等于 1 时，随着摩擦系数的相关长度变化，边坡失效概率基本不变化，一直等于 0.5。平面剪切滑坡可靠度分析时，如果不考虑参数的空间变异性，将获取不保守估算结果。

④为克服实际工程的概率信息往往不完备，特别是存在多个潜在滑裂面的验证边坡的难题。根据边坡的功能函数，采用契比雪夫不等式对其失效概率上限进行推导。为获取精确的系统均值和标准差，通过均匀设计响应面法获取的回归函数来确定安全系数的均值和标准差。同时，采用 Bootstrap 方法来实现“小样本”发展至“大样本”，然后基于赤池信息量来判据的最佳分布类型，进一步依据概率密度函数求解的系统失效概率与推导上限进行验证计算。最后，采用契比雪夫不等式估算数据不完备情况下的多滑面旋转剪切滑坡系统可靠度。

⑤可靠度设计方法在实际工程岩质边坡中的应用对石黔高速马武停车区及长沙冰雪世界岩溶边坡的地形地貌、地层岩性、地质构造及水文地质条件进行了概况，并对岩土体参数力学指标进行了统计；通过潜在滑动倾角的平面来表征潜在滑面，推导了含有(多)溶洞岩质边坡的潜在滑动面解析解。根据几何关系和余弦定理确定潜在滑块重力，并建立边坡稳定性包含边坡滑裂面与水平方向夹角 $\theta$ 的隐式方程，可通过迭代求解得到夹角 $\theta$ 的极小值。该极小值对应的稳定系数即为边坡若含溶洞岩质边坡稳定系数最小值。进一步，通过对勘察数据的处理，降低了数据不确定性给边坡可靠度分析带来的影响；采用随机场理论对边坡前缘稳定性进行可靠度补充设计；结果表明，设计安全系数为 1.3，且设计坡率为 1：3 时，阶梯边坡最为稳定。

## 8.2 本文主要创新点

①对于单平面剪切滑坡：基于一维随机场理论推导了二维平面剪切破坏模式下的边坡安全系数和失效概率的关系式；并在此基础上拓展，采用二维随机场理论推导了三维平面剪切破坏模式下的边坡安全系数和失效概率的关系式。

②给出了不同随机变量情况下轴点长度 $\chi$ 的计算公式，并基于轴点长度 $\chi$ 构建了一种 SOED 新响应面法，解决了随着随机变量增多，传统响应面法计算量大、效率较低的问题。

③提出基于均匀设计来为响应面法样本点选取提供有效依据；探究了共线性的检测方法，并提出一种名为 LASSO 的回归方法来解决随机变量存在共线性很难获取精确回归系数的难题；最后，发展了基于均匀设计和 LASSO 回归的响应面法分析旋转剪切滑坡稳定性。

④根据边坡的功能函数，采用契比雪夫不等式对其失效概率上限进行了推导；并通过 Bootstrap 方法和赤池信息量判据的最佳分布类型计算所得结果来验证推导公式的正确性。最后采用提出估算方法分析了数据不完备情况下的多滑面旋转剪切滑坡系统可靠度。

## 8.3 不足及展望

第三章提出的基于 SOED 响应面法需要假设所有的变量不相关，但实际岩质边坡的很多参数存在着相关性，因而其存在局限性。

所有的理论知识都需要在实践中检验才是最重要的，本文很多研究是基于已知滑裂面的，对于如何找到实际工程中的软弱结构面值得研究。

多滑面滑坡中，还包括楔形体滑坡模式，这在本文中没有研究，结合随机场理论和系统可靠度知识可以分析楔形体滑坡的可靠度。

降雨是影响边坡稳定性的主要因素之一，俗话说，十滑九雨。可见，降雨情况下裂隙水在岩体中的渗流以及如何诱发滑坡是值得细致研究的。同时，针对单滑面平面剪切、多滑面平面剪切、单滑面旋转剪切和多滑面旋转剪切都需针对性展开研究。

分析边坡稳定性时，计算模型可能与边坡真实情况相距甚远，比如第二主应力的忽略，这也是分析边坡稳定性的因素。

由于假设很多参数为正态分布，但实际分布可能为非正态，因为正态分布参数可能小于0。这需要慎重选择。另外，鲁棒性设计可很大程度缩小可靠度设计方法的波动区间，值得进一步研究并运用。

岩质边坡的失稳还与时间有关，岩石(体)的变形除了与应力有关，还与时间有关，即流变性质。考虑蠕变的岩质边坡时变可靠度可以作为一个研究重点。

对边坡失稳进行预警可很大程度降低边坡的次生灾害，如附近房屋的冲毁以及路基或路堑边坡的及时封堵等，探究合理的预警值，采用精确的仪器设备对边坡变形或者受力变化的监测并及时反馈信息，有效的预报将大大降低滑坡灾害，降低经济损失。

# 致 谢

秋天是个收获的季节，在这阳光四溢、硕果飘香的日子里，在团队努力下终于完成了本专著。这是我们多年工作生涯所收获的果实，而这一成果并不是一个人完成的，它离不开很多人给予我们的帮助和关心，正是有了他们的指导、帮忙和支持，我们才能顺利完成该论著。此时此刻，我们必须真诚地感谢曾经帮助过我们的人！

黄小城，周小平，何昌杰

二〇二〇年七月

于湖南长沙

# 参考文献


[1] Pierre, Duffaut. The traps behind the failure of Malpasset arch dam, France, in 1959[J]. Journal of Rock Mechanics and Geotechnical Engineering, 2013, 5(5): 335－341.

[2] 陈祖煜，汪小刚，杨健. 岩质边坡稳定性分析—原理、方法、程序[M]. 北京：中国水利水电出版社，2005.

[3] 栾茂田，年廷凯. 1976年香港秀茂坪人工填土边坡滑坡灾害评析[J]. 防灾减灾工程学报，2003，23(1)：114－117.

[4] 邹成杰. 天生桥二级水电站下山包滑坡稳定分析及工程治理[J]. 水利水电技术，1994(10)：27－37.

[5] 桑凯. 近60年中国滑坡灾害数据统计与分析[J]. 科技传播，2013(10)：154－159.

[6] 刘传正. 浙江省丽水市莲都区雅溪镇里东村滑坡灾害[J]. 中国地质灾害与防治学报，2015(4)：5－5.

[7] Zhang J, Liao Y, Ma Y. Seismic damage of earth structures of road engineering in the 2008 Wenchuan earthquake[J]. Environmental Earth Sciences, 2012, 65(4): 987－993.

[8] Hoffman F O, Hammonds J S. Propagation of Uncertainty in Risk Assessments: The Need to Distinguish Between Uncertainty Due to Lack of Knowledge and Uncertainty Due to Variability [J]. Risk Analysis, 2010, 14(5): 707－712.

[9] Baecher G B, Christian J T. Reliability and statistics in geotechnical engineering [M]. Wiley, 2003.

[10] Lacasse S, Nadim F. Uncertainties in characterising soil properties [J]. Publikasjon — Norges Geotekniske Institutt, 1997, 201: 49－75.

[11] Freudenthal, A M. Planning and interpretation of fatigue tests [C]. Symposium on Statistical Aspects of Fatigue, ASTM Special Technical Publication. 1951.

[12] Freudenthal A M, Gumbel E J. Physical and Statistical Aspects of Fatigue[J]. Advances in Applied Mechanics, 1956, 4: 117－158.

[13] Freudenthal A M. The Analysis of Structural Safety[J]. Journal of the Structural Division, 1964, 92(1): 291－7.

[14] Ang A H S. Probability Concepts in Engineering Planning and Design Volume Ⅱ Decision[J]. Risk & Reliability, 2007, 2(5): 413－414.

[15] Ang A H S, Tang W H. Probability Concepts in Engineering [M]. Republication of book originally published by John Wiley & Sons, 2006.

[16] Hasofer A M, Lind N C. An Exact and Invariant First Order Reliability Format[J]. Journal of Engineering Mechanics, 1974, 100 (1974): 111－121.

[17] Hasofer AM, Lind NC. Exact and invariant second moment code format [J]. Journal of Engineering Mechanics, ASCE 1974; 100(EM1): 111－21.

[18] Vanmarcke E H. Probabilistic modeling of soil profiles [J]. Journal of Geotechnical Engineering Division 1977; 103(11): 1227－46.

[19] Vanmarcke E H. Reliability of earth slopes [J]. Journal of Geotechnical Engineering Division 1977; 103(GT11): 1247－65.

[20] Vanmarcke E H. Random fields analysis and synthesis [D]. Cambridge：MIT Press；1983.

[21] Einstein H H，Baecher G B. Probabilistic and statistical methods in engineering geology [J]. Rock Mechanics & Rock Engineering，1983，16(1)：39 - 72.

[22] Hassan A M，Wolff T F. Search Algorithm for Minimum Reliability Index of Earth Slopes[J]. Journal of Geotechnical & Geoenvironmental Engineering，1999，127(2)：301 - 308.

[23] Low B K，Tang W H. Probabilistic slope analysis using Janbu's generalized procedure of slices[J]. Computers & Geotechnics，1997，21(2)：121 - 142.

[24] Low B K，Tang W H. Efficient Spreadsheet Algorithm for First－Order Reliability Method [J]. Journal of Engineering Mechanics，2007，133(12)：1378 - 1387.

[25] Cho S E. First－order reliability analysis of slope considering multiple failure modes[J]. Engineering Geology，2013，154(3)：98 - 105.

[26] Lee O S，Dong H K. The reliability estimation of pipeline using FORM，SORM and Monte Carlo Simulation with FAD [J]. Journal of Mechanical Science & Technology，2006，20(12)：2124 - 2135.

[27] Low B K. FORM，SORM，and spatial modeling in geotechnical engineering[J]. Structural Safety，2014，49：56 - 64.

[28] Elramly H，Morgenstern N R，Cruden D M. Probabilistic slope stability analysis for practice[J]. Canadian Geotechnical Journal，2002，39(3)：665 - 683.

[29] Elramly H，Morgenstern N R，Cruden D M. Probabilistic assessment of stability of a cut slope in residual soil[J]. Geotechnique，2005，55(1)：77 - 84.

[30] Dewolfe G F，Griffiths D V，Huang J. Probabilistic and Deterministic Slope Stability Analysis by Random Finite Elements[C]// Geotechnical Practice Publication. 2011：91 - 111.

[31] Hsu S C，Nelson P P. Material Spatial Variability and Slope Stability for Weak Rock Masses[J]. Journal of Geotechnical & Geoenvironmental Engineering，2006，132(2)：183 - 193.

[32] Wong F S. Slope Reliability and Response Surface Method[J]. Journal of Geotechnical Engineering，1985，111(1)：32 - 53.

[33] Kim S H，Na S W. Response surface method using vector projected sampling points [J]. Structural Safety，1997，19(1)：3 - 19.

[34] Ji J，Low B K. Stratified Response Surfaces for System Probabilistic Evaluation of Slopes [J]. Journal of Geotechnical & Geoenvironmental Engineering，2012，138(11)：1398 - 1406.

[35] Alonso E E. Risk analysis of slopes and its application to slopes in Canadian sensitive clays [J]. Géotechnique，1977，26(26)：453 - 472.

[36] Tang W H，Yucemen M S，Ang A H S. Probability－based short term design of soil slopes [J]. Canadian Geotechnical Journal，1976，13(13)：201 - 215.

[37] D'Andrea R A，Sangrey D W. The factor of safety for probabilistic slope design [J]. Journal of the Geotechnical Engineering Division，1982，108：1101 - 1118.

[38] Li K S，Lumb P. Probabilistic design of slopes [J]. Canadian Geotechnical Journal，1987，24(4)：520 - 535.

[39] Griffiths D V，Fenton G A，Denavit M D，et al. Traditional and advanced probabilistic slope stability analysis[J]. American Society of Civil Engineers，2007，51(233)：47 - 139.

[40] 谭晓慧. 边坡稳定可靠度分析方法的探讨[J]. 重庆大学学报，2001，24(6)：40 - 44.

[41] Li D Q，Zheng D，Cao Z J，et al. Response surface methods for slope reliability analysis：Review and comparison[J]. Engineering Geology，2016，203：3 - 14.

[42] 谭晓慧. 边坡稳定的非线性有限元可靠度分析方法研究[D]. 合肥工业大学，2007.

[43] Au S K，Beck J L. Subset Simulation and its Application to Seismic Risk Based on Dynamic Analysis

[J]. Journal of Engineering Mechanics，2003，129(8)：901-917.

[44] Au S K. Reliability—based design sensitivity by efficient simulation [J]. Computers & Structures，2005，83(14)：1048-1061.

[45] Santoso A，Phoon K K，Quek S T. Reliability Analysis of Infinite Slope Using Subset Simulation [C]// International Foundation Congress and Equipment Expo. 2009：278-285.

[46] 曹子君. 子集模拟在边坡可靠性分析中的应用[D]. 西南交通大学，2009.

[47] Elramly H，Morgenstern N R，Cruden D M. Probabilistic slope stability analysis for practice[J]. Canadian Geotechnical Journal，2002，39(3)：665-683.

[48] Ching J，Phoon K K，Hu Y G. Efficient Evaluation of Reliability for Slopes with Circular Slip Surfaces Using Importance Sampling[J]. Journal of Geotechnical & Geoenvironmental Engineering，2009，135(6)：768-777.

[49] Zhang J，Zhang L M，Tang W H. Bayesian Framework for Characterizing Geotechnical Model Uncertainty[J]. Journal of Geotechnical & Geoenvironmental Engineering，2009，135(7)：932-940.

[50] Zhang J，Tang W H，Zhang L M. Efficient Probabilistic Back—Analysis of Slope Stability Model Parameters[J]. Journal of Geotechnical & Geoenvironmental Engineering，2009，136(1)：99-109.

[51] Zhang J，Zhang L M，Tang W H. New methods for system reliability analysis of soil slopes[J]. Canadian Geotechnical Journal，2011，48(7)：1138-1148.

[52] Ching J. Equivalence between reliability and factor of safety [J]. Probabilistic Engineering Mechanics，2009，24(2)：159-171.

[53] Ching J，Hsu W C. Transforming reliability limit—state constraints into deterministic limit—state constraints[J]. Structural Safety，2008，30(1)：11-33.

[54] Duncan J M. Factors of Safety and Reliability in Geotechnical Engineering [J]. Journal of Geotechnical & Geoenvironmental Engineering，2000，126(4)：307-316.

[55] Christian J T，Ladd C C，Baecher G B. Reliability Applied to Slope Stability Analysis [J]. Journal of Geotechnical Engineering，1994，120(12)：2180-2207.

[56] Box G E P，Wilson K B. On the Experimental Attainment of Optimum Conditions [J]. Journal of the Royal Statistical Society，1951，13(1)：1-45.

[57] 李典庆，郑栋，曹子君，等. 边坡可靠度分析的响应面方法比较研究 [J]. 武汉大学学报（工学版），2017，50(244)，01 3-19.

[58] 徐军，郑颖人. 响应面重构的若干方法研究及其在可靠度分析中的应用[J]. 计算力学学报，2002，19(2)：217-221244.

[59] 苏永华，赵明华，蒋德松，等. 响应面方法在边坡稳定可靠度分析中的应用[J]. 岩石力学与工程学报，2006，25(7)：1417-1417.

[60] 谭晓慧，胡晓军，储诚富，等. 模糊响应面法及其在边坡稳定可靠度分析中的应用[J]. 中国科学技术大学学报，2011，41(3)：233-237.

[61] Li D Q，Jiang S H，Cao Z J，et al. A multiple response—surface method for slope reliability analysis considering spatial variability of soil properties[J]. Engineering Geology，2015，187：60-72.

[62] Li D，Chen Y，Lu W，et al. Stochastic response surface method for reliability analysis of rock slopes involving correlated non—normal variables[J]. Computers & Geotechnics，2011，38(1)：58-68.

[63] 李典庆，周创兵，陈益峰，等. 边坡可靠度分析的随机响应面法及程序实现 [J]. 岩石力学与工程学报，2010，29(229)，08 5-15.

[64] Fenton G A，Griffiths D V. The Random Finite Element Method (RFEM) in Bearing Capacity Analyses[J]. 2007.

[65] Fenton G A，Griffiths D V，Cavers W. The Random Finite Element Method (RFEM) in Settlement

Analyses[M]// Probabilistic Methods in Geotechnical Engineering. 2007：295 - 315.

[66] Griffiths D V，Huang J S，Fenton G A. Influence of spatial variability on slope reliability using 2—D random fields. [J]. Journal of Geotechnical & Geoenvironmental Engineering，2009，135(10)：1367 - 1378.

[67] Gravanis E，Pantelidis L，Griffiths D V. An analytical solution in probabilistic rock slope stability assessment based on random fields[J]. International Journal of Rock Mechanics & Mining Sciences，2014，71：19 - 24.

[68] Liu Y，Zhang W，Zhang L，et al. Probabilistic stability analyses of undrained slopes by 3D random fields and finite element methods[J]. Geoscience Frontiers，2017.

[69] Liu Y，Xiao H，Yao K，et al. Rock—soil slope stability analysis by two—phase random media and finite elements[J]. Geoscience Frontiers，2017.

[70] Griffiths D V，Fenton G A，Ziemann H R. The Influence of Strength Variability in the Analysis of Slope Failure Risk[C]// Japan—U. s. Workshop on Testing，Modeling，and Simulation in Geomechanics. 2006：113 - 123.

[71] Fenton G A，Griffiths D V. Risk assessment in geotechnical engineering[M]. Wiley，2008.

[72] Griffiths，D V，and Fenton G A (2004). Probabilistic slope stability analysis by finite elements [J]. Journal of Geotechnical and Geoenvironmental Engineering ，130(5)，507 - 518.

[73] Fenton G A，Vanmarcke E H. Simulation of random fields via local average subdivision[J]. Journal of Engineering Mechanics，1990，116(8)：1733 - 1749.

[74] 蒋水华，祁小辉，曹子君，等. 基于随机响应面法的边坡系统可靠度分析 [J]. 岩土力学，2015，36(244)，03 206 - 215.

[75] 蒋水华，李典庆，黎学优，等. 锦屏一级水电站左岸坝肩边坡施工期高效三维可靠度分析 [J]. 岩石力学与工程学报，2015，34(293)，02 139 - 151.

[76] 蒋水华，李典庆，曹子君，等. 考虑参数空间变异性的边坡系统可靠度分析 [J]. 应用基础与工程科学学报，2014，22 05 6 - 20.

[77] 蒋水华，李典庆，周创兵，等. 考虑参数空间变异性的非饱和土坡可靠度分析 [J]. 岩土力学，2014，35(236)，09 142 - 151.

[78] 蒋水华，李典庆，周创兵，等. 考虑自相关函数影响的边坡可靠度分析 [J]. 岩土工程学报，2014，36(264)，03 114 - 124.

[79] 蒋水华，李典庆，周创兵. 基于拉丁超立方抽样的边坡可靠度分析非侵入式随机有限元法 [J]. 岩土工程学报，2013，35(259)，S2 77 - 83.

[80] 蒋水华，冯晓波，李典庆，等. 边坡可靠度分析的非侵入式随机有限元法 [J]. 岩土力学，2013，34(221)，08 224 - 231.

[81] 曾晟，孙冰，杨仕教，等. 基于 ABAQUS—ANFIS—MCS 的岩质边坡可靠性分析[J]. 岩土力学，2007，28(12)：2661 - 2665.

[82] 吴应祥，刘东升，宋强辉. 基于 ANSYS 概率设计系统的边坡稳定概率分析[J]. 地下空间与工程学报，2008，4(6)：1047 - 1051.

[83] 贺子光. 基于 GEP 方法的岩质边坡可靠性分析[D]. 河南理工大学，2013.

[84] 陈昌富，朱剑锋，龚晓南. 基于响应面法和 Morgenstern—Price 法土坡可靠度计算方法[J]. 工程力学，2008(10)：166 - 172.

[85] 李俊，彭振斌，周斌. 利用有理多项式技术计算基于 Bishop 分析模式的边坡稳定可靠度[J]. 合肥工业大学学报(自然科学版)，2009，32(04)：519 - 522.

[86] 谢桂华. 岩土参数随机性分析与边坡稳定可靠度研究[D]. 中南大学，2009.

[87] 高谦，王思敬. 龙滩水电站船闸高边坡的可靠度分析[J]. 岩石力学与工程学报，1991，10(1)：83 -083.

[88] 陈立宏，孙平，陈祖煜. 边坡稳定分析的电子表格法 LOSSAP[J]. 岩土工程学报，2012，34(7)：1329 - 1332.

[89] 李守巨，上官子昌，刘迎曦. 基于混合遗传算法岩土抗剪指标参数识别方法[J]. 岩石力学与工程学报，2005，24(4)：676 - 680.

[90] Gong W，Juang C H，Khoshnevisan S，et al. R—LRFD：Load and resistance factor design considering robustness[J]. Computers & Geotechnics，2016，74：74 - 87.

[91] Gong W，Wang L，Khoshnevisan S，et al. Robust Geotechnical Design of Earth Slopes Using Fuzzy Sets[J]. Journal of Geotechnical & Geoenvironmental Engineering，2014，141(1).

[92] Khoshnevisan S，Gong W，Juang C H，et al. Efficient Robust Geotechnical Design of Drilled Shafts in Clay Using a Spreadsheet[J]. Journal of Geotechnical & Geoenvironmental Engineering，2015，141(2).

[93] Juang C H，Wang L，Khoshnevisan S，Atamturktur S. TGS Geotechnical Lecture：Robust geotechnical design-methodology and applications [J]. Journal of Geoengineering，2013，8(3)：71 - 81.

[94] Juang C H，Wang L，Khoshnevisan S，et al. Robust Geotechnical Design—Methodology and Applications[J]. Journal of Geoengineering，2014，8(3)：71 - 81.

[95] Juang C H，Wang L. Reliability—based robust geotechnical design of spread foundations using multi-objective genetic algorithm [J]. Computers & Geotechnics，2013，48(4)：96 - 106.

[96] Juang C H，Wang L，Liu Z，et al. Robust Geotechnical Design of Drilled Shafts in Sand：New Design Perspective[J]. Journal of Geotechnical & Geoenvironmental Engineering，2013，139(12)：2007 - 2019.

[97] Low B K，Phoon K K. Reliability—based design and its complementary role to Eurocode 7 design approach [J]. Computers & Geotechnics，2015，65：30 - 44.

[98] Ching J，Phoon K K. Quantile value method versus design value method for calibration of reliability-based geotechnical codes [J]. Structural Safety，2013，44(2334)：47 - 58.

[99] Ahmadabadi M，Poisel R. Probabilistic Analysis of Rock Slopes Involving Correlated Non—normal Variables Using Point Estimate Methods[J]. Rock Mechanics & Rock Engineering，2016，49(3)：909 - 925.

[100] Rosenblueth E. Point estimates for probability moments. [J]. Proceedings of the National Academy of Sciences of the United States of America，1975，72(10)：3812 - 3814.

[101] Zhou J，Nowak A S. Integration formulas to evaluate functions of random variables[J]. Structural Safety，1988，5(4)：267 - 284.

[102] Johari A，Lari A M. System reliability analysis of rock wedge stability considering correlated failure modes using sequential compounding method[J]. International Journal of Rock Mechanics & Mining Sciences，2016，82(3)：61 - 70.

[103] Johari A，Fazeli A，Javadi A A. An investigation into application of jointly distributed random variables method in reliability assessment of rock slope stability[J]. Computers & Geotechnics，2013，47(47)：42 -47.

[104] Napoli M L，Barbero M，Ravera E，et al. A stochastic approach to slope stability analysis in bimrocks[J]. International Journal of Rock Mechanics & Mining Sciences，2018，101：41 - 49.

[105] 陈昌富，彭振斌. 含主控弱面双滑块破坏边坡可靠度优化分析[J]. 中南工业大学学报，1996(4)：387 - 391.

[106] 吴振君. 土体参数空间变异性模拟和土坡可靠度分析方法应用研究[D]. 中国科学院研究生院(武汉岩土力学研究所)，2009.

[107] 吴振君，王水林，葛修润. LHS 方法在边坡可靠度分析中的应用[J]. 岩土力学，2010，31(4)：1047 - 1054.

[108] 吴振君，王水林，葛修润. 约束随机场下的边坡可靠度随机有限元分析方法[J]. 岩土力学，2009，30(10)：3086 - 3092.

[109] 吴振君，王水林，汤华，等.一种新的边坡稳定性因素敏感性分析方法——可靠度分析方法[J].岩石力学与工程学报，2010，29(10)：2050 - 2055.

[110] 李典庆，吴帅兵.考虑时间效应的滑坡风险评估和管理[J].岩土力学，2006，12 157 - 163+167.

[111] 李典庆，周创兵.考虑多失效模式相关的岩质边坡体系可靠度分析 [J].岩石力学与工程学报，2009，28(210)，03 114 - 124.

[112] 李典庆，肖特，曹子君，等.基于极限平衡法和有限元法的边坡协同式可靠度分析 [J].岩土工程学报，2016，38(296)，06 41 - 50.

[113] 唐小松，李典庆，周创兵，等.不完备概率信息条件下边坡可靠度分析方法 [J].岩土工程学报，2013，35(253)，06 41 - 48.

[114] 唐小松，李典庆，周创兵，等.联合分布函数构造的 Copula 函数方法及结构可靠度分析 [J].工程力学，2013，30 12 16 - 25+50.

[115] 唐小松，李典庆，周创兵，等.基于 Copula 函数的抗剪强度参数间相关性模拟及边坡可靠度分析 [J].岩土工程学报，2012，34(247)，12 136 - 143.

[116] 唐小松，李典庆，曹子君，等.有限数据条件下边坡可靠度分析的 Bootstrap 方法 [J].岩土力学，2016，37(258)，03 289 - 297+307.

[117] 唐小松，李典庆，周创兵，等.基于 Bootstrap 方法的岩土体参数联合分布模型识别 [J].岩土力学，2015，36(245)，04 7 - 16.

[118] Zhang L L, Zhang L M, Tang W H. Rainfall－induced slope failure considering variability of soil properties[J]. Géotechnique，2005，55(2)：183 - 188.

[119] 张璐璐，邓汉忠，张利民.考虑渗流参数相关性的边坡可靠度研究[J].深圳大学学报(理工版)，2010，27(1)：114 - 119.

[120] Zhang L L, Zhang J, Zhang L M, et al. Stability analysis of rainfall－induced slope failure：a review[J]. Geotechnical Engineering，2011，164(164)：299 - 316.

[121] Zhang L L, Zuo Z B, Ye G L, et al. Probabilistic parameter estimation and predictive uncertainty based on field measurements for unsaturated soil slope[J]. Computers & Geotechnics，2013，48(4)：72 - 81.

[122] Zhang J, Huang H W. Risk assessment of slope failure considering multiple slip surfaces[J]. Computers & Geotechnics，2016，74：188 - 195.

[123] Zhang J, Wang H, Huang H W, et al. System reliability analysis of soil slopes stabilized with piles [J]. Engineering Geology，2017，229.

[124] Edward R. Mansfield, Billy P. Helms. Detecting Multicollinearity[J]. American Statistician，1982，36(3)：158 - 160.

[125] Bary M N A. Robust regression diagnostic for detecting and solving multicollinearity and outlier problems：applied study by using financial data[J]. Applied Mathematical Sciences，2017，11：601 - 622.

[126] Guan X L, Melchers R E. Effect of response surface parameter variation on structural reliability estimates[J]. Structural Safety，2001，23(4)：429 - 444.

[127] 方开泰.均匀设计——数论方法在试验设计的应用[J].应用数学学报，1980，3(4)：363 - 372.

[128] Zhou X P, Huang X C. Reliability analysis of slopes using UD－based response surface methods combined with LASSO[J]. Engineering Geology，2018，233：111 - 123.

[129] Li X, Li X B, Su Y H. A hybrid approach combining uniform design and support vector machine to probabilistic tunnel stability assessment[J]. Structural Safety，2016，61：22 - 42

[130] 贺建清，刘秀军.基于最小二乘法的边坡稳定性分析[J].岩土力学，2012，33(6)：128 - 133.

[131] Tibshirani R. Regression shrinkage and selection via the lasso：a retrospective[J]. Journal of the Royal Statistical Society，2011，73(3)：273 - 282.

[132] Alauddin M, Hong S N. Do Instructional Attributes pose Multicollinearity Problems? An Empirical

Exploration[J]. Economic Analysis & Policy，2010，40(3)：351－361.

[133] 胡仁杰，程涛，许万辉，等. 基于人工蜂群算法的边坡地震可靠度分析[J]. 武汉大学学报(工学版)，2016，49(5)：796－800.

[134] 康飞，李俊杰，李守巨，等. 边坡系统可靠度分析智能响应面法框架[J]. 武汉大学学报(工学版)，2016，49(5)：654－660.

[135] 王飞，梁旭黎，杜建坡. 地震荷载作用下岩石边坡的抗倾覆稳定性分析及可靠度研究[J]. 工程地质学报，2016，24(6)：1126－1135.

[136] Xu Z X，Zhou X P. Three－dimensional reliability analysis of seismic slopes using the copula－based sampling method[J]. Engineering Geology，2018.

[137] Zhang W，Goh A T C. Reliability assessment on ultimate and serviceability limit states and determination of critical factor of safety for underground rock caverns[J]. Tunnelling and Underground Space Technology，2012，32(11)：221－230.

[138] Zhang J，Huang H W，Phoon K K. Application of the Kriging－Based Response Surface Method to the System Reliability of Soil Slopes[J]. Journal of Geotechnical & Geoenvironmental Engineering，2013，139(4)：651－655.

[139] 傅旭东. 相关变量下失效概率的计算机模拟[J]. 西南交通大学学报，1997，32(3)：319－323.

[140] 涂帆，常方强. 土性参数的互相关性对加筋土挡墙可靠度的影响[J]. 岩石力学与工程学报，2005，24(15)：2654－2658.

[141] 程圣国，陈高峰. 考虑参数相关性的滑坡稳定敏感性分析模式研究[J]. 水力发电，2008，34(6)：38－40.

[142] Li D Q，Jiang S H，et al. Efficient 3－D reliability analysis of the 530m high abutment slope at Jinping I Hydropower Station during construction [J]. Engineering Geology，2015，195(11)：269－281.

[143] 王元，方开泰. 关于均匀分布与试验设计(数论方法)[J]. 科学通报，1981，26(2)：65－70.

[144] 苏永华，罗正东，杨红波，等. 基于响应面法的边坡稳定逆可靠度设计分析方法[J]. 水利学报，2013，39(7)：764－771.

[145] Zhou X P，Cheng H. Analysis of stability of three－dimensional slopes using the rigorous limit equilibrium method[J]. Engineering Geology，2013，160(12)：21－33.

[146] Samui P. Least Square Support Vector Machine Applied to Slope Reliability Analysis[J]. Geotechnical & Geological Engineering，2013，31(4)：1329－1334.

[147] Li，S J，Zhao，H B，et al. Slope reliability analysis by updated support vector machine and Monte; Carlo simulation[J]. Natural Hazards，2013，65(1)：707－722.

[148] 方开泰，马长兴. 正交与均匀试验设计[M]. 科学出版社，2001.

[149] 方开泰. 均匀试验设计的理论、方法和应用——历史回顾[J]. 数理统计与管理，2004，23(3)：69－80.

[150] Ang A H S，Tang W H. Probability Concepts in Engineering Planning and design，Vol I. [M]. New York，John Wiley & Sons，1975.

[151] Ang A H S，Tang W H. Probability Concepts in Engineering Planning and Design，Vol. Ⅱ，[M]. Republication of book originally published by John Wiley & Sons，1990.

[152] Baecher G B. Site Exploration：A probabilistic approach [D]. Massachusetts Institute of Technology，1972.

[153] Baecher G B. Statistical methods in site characterization. Updating Subsurface Samplingsof Soils and Rocks and their In－Situ Testing，Santa Barbara，Engineering Foundation [J]，1982：463－492.

[154] 罗战友，杨晓军，龚晓南. 基于支持向量机的边坡稳定性预测模型[J]. 岩石力学与工程学报，2005，24(1)：144－148.

[155] 赵洪波. 基于支持向量机的边坡可靠性分析[J]. 岩土工程学报，2007，29(6)：819-823.

[156] Breiman L，Spector P. Submodel Selection and Evaluation in Regression. The X－Random Case[J]. International Statistical Review，1992，60(3)：291-319.

[157] Dias R A P，Petrini J，Ferraz J B S，et al. Multicollinearity in genetic effects for weaning weight in a beef cattle composite population[J]. Livestock Science，2011，142(1-3)：188-194.

[158] Demirhan H. The problem of multicollinearity in horizontal solar radiation estimation models and a new model for Turkey[J]. Energy Conversion & Management，2014，84(84)：334-345.

[159] Zhao L H，Zuo S，Lin Y L，et al. Reliability back analysis of shear strength parameters of landslide with three－dimensional upper bound limit analysis theory[J]. Landslides，2016，13(4)：711-724.

[160] Hasofer AM，Lind NC. An Exact and Invariant First Order Reliability Format[J]. Journal of Engineering Mechanics，1974，100 (1974)：111-121.

[161] Huang X C，Zhou X P，Ma W，et al. Two－Dimensional Stability Assessment of Rock Slopes Based on Random Field[J]. International Journal of Geomechanics，2017，17(7)：04016155.

[162] Huang X C，Zhou X P. Reliability analysis of a large－scale landslide using SOED－based RSM[J]. Environmental Earth Sciences，2017，76(23)：794.

[163] 蔡美峰. 岩石力学与工程[M]. 科学出版社，2013.

[164] Duncan J M，Buchignani A L. Failure of underwater slope in San Francisco Bay[J]. Journal of Soil Mechanics & Foundations Division，1973，99(3)：64-64.

[165] 吴道荣. 随机场理论在边坡工程可靠度分析中的应用[J]. 中国地质灾害与防治学报，2007，18(3)：108-111.

[166] 张健，许田柱，石静. 基于随机场理论的路堑边坡稳定性可靠度分析[J]. 公路交通技术，2009(3)：24-28.

[167] 杨艳荣. 基于随机场理论的土质边坡可靠度分析[D]. 郑州大学，2011.

[168] Fenton G A，Griffiths D V. Risk Assessment in Geotechnical Engineering[C]// Geotechnical Special Publication. 2008：78-101.

[169] Wang F，Li H. System reliability under prescribed marginals and correlations：Are we correct about the effect of correlations? Reliability Engineering & System Safety，2018，173：94-104

[170] Pantelidis L，Psaltou E. Stability tables for homogeneous earth slopes with benches[J]. International Journal of Geotechnical Engineering，2012，6(3)：381-394.

[171] 盛骤，范大茵. 成败型串联系统可靠性置信下限的近似解[J]. 高校应用数学学报：中文版，1987(1)：82-90.

[172] 屠文江. 关于 Chebyshev 不等式的条件的探讨[J]. 数学通报，1987(6).

[173] 李默涵. Chebyshev 不等式在可靠度分析中的应用[J]. 丹东纺专学报，1998(3)：31-32.

[174] Akaike H. Information theory and an extension of the maximum likelihood principle[C]// International Symposium on Information Theory. Akademiai Kiado，1973：610-624.

[175] Akaike H. A new look at the statistical identification[J]. Automatic Control IEEE Transactions on，1974，19(6)：716-723.

[176] Akaike H. Prediction and Entropy[M]// A Celebration of Statistics. Springer New York，1985：1-24.

[177] Schwarz G. Estimating the Dimension of a Model[J]. Annals of Statistics，1978，6(2)：15-18.

[178] Bickel P J，Freedman D A. Some Asymptotic Theory for the Bootstrap[J]. Ann Statist，1981，9(6)：1196-1217.

[179] Efron B. Bootstrap Methods：Another Look at the Jackknife[J]. Annals of Statistics，1992，7(1)：1-26.

[180] Chatterjee S. Another look at the jackknife: further examples of generalized bootstrap[J]. Statistics & Probability Letters, 1998, 40(4): 307-319.

[181] Li D Q, Tang X S, Phoon K K. Bootstrap method for characterizing the effect of uncertainty in shear strength parameters on slope reliability[J]. Reliability Engineering & System Safety, 2015, 140: 99-106.

[182] 李静萍，程勇刚，李典庆，等. 基于多重响应面法的空间变异土坡系统可靠度分析[J]. 岩土力学，2016，37(1)：147-155.

[183] 曾鹏，陈语，李天斌. 基于拟牛顿近似二阶法的岩土工程系统可靠性分析[J]. 岩石力学与工程学报，2018，37(3)：726-733.

[184] 郭阿媛. 节理化岩石边坡稳定性的综合评价方法[D]. 河北大学，2017.

[185] 尹光志，俸锦福，刘腊美，等. 向家山滑坡机理及稳定性研究[J]. 地下空间与工程学报，2007，3(1)：167-171.

[186] 俸锦福. 向家山滑坡机理及稳定性研究[D]. 重庆大学，2006.

[187] 杨海清. 滑坡灾变过程时空预测理论模型及应用[D]. 重庆大学，2007.

[188] GB18306—2015. 中国地震动参数区划图[S]. 2015.

[189] JTGB02—2013. 公路工程抗震规范[S]. 2013.

[190] JTC/TB02—01—2008. 公路桥梁抗震设计细则[S]. 2008.

[191] Liu L L, Cheng Y M, Wang X M, et al. System reliability analysis and risk assessment of a layered slope in spatially variable soils considering stratigraphic boundary uncertainty[J]. Computers & Geotechnics, 2017, 89: 213-225.

[192] Koker N D, Day P. Assessment of reliability—based design for a spectrum of geotechnical design problems[J]. Geotechnical Engineering, 2018: 1-13.

[193] CHEN Z Y, CHEN L H, XU J H, et al. Quantitative deterministic versus probability analyses based on a safety margin criterion[J]. Science China Technological Sciences, 2014, 57: 1988-2000.

[194] 陈祖煜. 建立在相对安全率准则基础上的岩土工程可靠度分析与安全判据[J]. 岩石力学与工程学报，2018，37(3)：521-544.